LES TIGRES

LES TIGRES

PASCAL PICQ
FRANÇOIS SAVIGNY

Préface de

NICOLAS HULOT

Odile Jacob

15, rue Soufflot
75005 Paris

ISBN 2-7381-1342-7
www.odilejacob.fr

Conception graphique :
Philippe Apeloig

Montage, photogravure :
Nord Compo
(Villeneuve-d'Ascq)

Reliure :
Diguet-Deny
(Breteuil-sur-Iton)

Imprimer en France
chez Kapp, groupe CPI
à Evreux (Eure)
en octobre 2004
Nº d'édition : 7381-1342-X
dépôt légal : octobre 2004

Préface

Dans le cadre de l'émission d'*Ushuaïa Nature* consacrée à la faune du sous-continent indien, nous sommes partis sur les traces d'un animal mythique, le tigre. Nous abordions alors un univers riche de représentations avec pour viatique un récit qui nous a tous fait rêver, *Le Livre de la jungle* de Rudyard Kipling. Nous avons suivi pas à pas les empreintes du tigre. De cette aventure est né ce livre, fruit du travail de Pascal Picq et de François Savigny.

Paléoanthropologue réputé, Pascal Picq s'intéresse avant tout aux relations entre les hommes et les animaux. C'est pour cela que je lui ai demandé de nous accompagner en Inde. Sa libre pensée d'anthropologue démontre, sur la base de compétences scientifiques, que l'avenir de l'humanité sur notre planète ne peut se concevoir sans la préservation des derniers refuges de la biodiversité. De ma lecture de *La Plus belle histoire des animaux*, dont il est le coauteur avec Boris Cyrulnik, j'ai gardé en mémoire une phrase qui m'est chère: « Nous ne sommes que les locataires de la Terre. » Elle est riche de sens dans la bouche d'un anthropologue spécialiste de l'évolution de l'homme et des grands singes. Pour lui qui est grand connaisseur de l'Afrique, la rencontre avec les grandes faunes de l'Inde a été, comme pour chacun d'entre nous, une révélation. Quand on rencontre le tigre, on s'incline devant un grand seigneur, aujourd'hui menacé par l'homme. Nous avons aussi croisé des femmes et des hommes engagés dans la sauvegarde des tigres, souvent au risque de leur vie. Je suis heureux de préfacer ce livre qui prolonge cette magnifique aventure et qui, je l'espère, permettra d'encourager les derniers espoirs que nous pouvons nourrir pour leur sauvegarde.

Les photographies de François Savigny expriment des sentiments intenses vécus sur le terrain. Saisir des tigres sauvages, c'est comme voler un instant divin, non pour les immortaliser, mais pour mieux leur rendre hommage. Pascal et moi avons rencontré François au cœur de notre voyage au centre de l'Inde, dans le parc Bandharvgarh, proche de celui de Khana où, selon l'histoire ou la légende, Rudyard Kipling aurait écrit *Le Livre de la jungle*. L'émission lui doit beaucoup. Il a apporté une dimension humaine, celle du photographe amoureux des derniers grands fauves sauvages et conscient des menaces qui pèsent sur leur avenir. Sa connaissance du terrain, mais aussi des hommes, des gardiens, rangers et autres conducteurs d'éléphants, les Mahouts, sans lesquels toute rencontre avec les tigres est impossible, nous a été précieuse. Et puis surtout son intimité avec les tigres, dont il connaît les histoires de famille : leurs parents, leurs enfants, leurs aléas, l'histoire liée à leur nom, leur personnalité. Sous son objectif, le tigre se révèle porteur d'une histoire nourrie par la longue observation du photographe empreinte d'une familiarité respectueuse. Plus que tout autre, François sait que ses photographies n'ont été possibles que parce que ses sujets l'ont accepté. Plusieurs fois menacé, il nous a raconté ces rencontres soudaines, parfois terrifiantes, lorsque le grand félin montre qu'il est le seigneur de la jungle. Une leçon pour les hommes qui persistent à croire que dominer consiste à tuer. Les photographies de François expriment tout son talent tissé d'admiration et d'humilité.

Chaque voyage, chaque rencontre est un témoignage de la beauté aux formes si diverses que recèle notre planète. J'insiste sur le caractère humain de cette rencontre avec les faunes du sous-continent indien. Pour la préparation comme pour le tournage, nous avions la chance de bénéficier de la collaboration des frères Naresh et Rajesh Bedi, des cinéastes animaliers qui nous ont dit combien ils appréciaient qu'une émission consacrée aux dernières grandes faunes sauvages puisse prendre place en Inde. Sur ce sujet, c'est généralement l'Afrique qui s'impose. Comme ils avaient raison ! Nous avons été ébahis par la biodiversité de ces derniers refuges de la vie sauvage de l'Inde. C'est toute la magie de l'Inde qui s'impose quand on découvre que des loups fréquentent des chacals ; que des ours croisent des tigres ; que des rhinocéros voisinent avec des cerfs ; que des singes cohabitent avec des paons. J'ai dans la tête des instants rares, presque mythiques avec les derniers lions d'Asie de la forêt de Gyr et la rencontre avec ces hommes, les Maldaris, qui savent combien la survie de leurs traditions est liée aux derniers de ces grands fauves. On trouve également la multitude colorée des femmes et des hommes, et l'on ressent leurs immenses besoins. Gandhi lui-même nous rappelait que si tous les hommes se contentaient de satisfaire leurs besoins, alors nous pourrions retrouver l'harmonie... On en est encore loin. Car, comme il l'ajoutait, s'il y a assez dans le monde pour satisfaire aux besoins de l'homme, il n'y a pas assez pour assouvir son avidité.

Ce livre, j'en suis heureux, a vu le jour grâce à cette aventure commune. Notre collaboration se poursuit, et Pascal Picq a rejoint le Comité de veille écologique de ma fondation pour m'éclairer grâce à ses connaissances de paléoanthropologue. Cette préface ne témoigne pas seulement de l'amitié née entre nous au cours du tournage. Pascal et François voulaient m'associer à ce beau livre en hommage à notre rencontre, je les en remercie sincèrement. Ils participent ainsi à éveiller la conscience des hommes des dangers qui menacent notre planète et à rappeler que beaucoup risque de disparaître alors qu'il reste encore tant à découvrir.

Nicolas Hulot

Sommaire

Avant-propos

Le tigre est un gentilhomme au grand cœur et au courage sans borne.
Jim Corbett

Je suis paléoanthropologue, j'étudie l'évolution de l'homme et celle de la vie en général. Dans mes livres comme dans mes conférences, je ne cesse de dénoncer la conception archaïque de l'histoire de la vie selon laquelle ce serait un processus finaliste dont le but ultime serait l'homme. Notre évolution fait partie de celle de la vie dans son ensemble. Toutes les espèces qui nous entourent sont récentes. Elles sont toutes aussi évoluées que nous, au sens où elles sont les représentantes actuelles de la lignée évolutive dont elles proviennent. Il ne s'agit pourtant pas de dévaloriser l'homme. C'est incontestablement une espèce très complexe et, pour ne prendre que cet exemple, sa bipédie comme sa capacité à la course se comparent avantageusement à la merveilleuse quadrupédie et à l'endurance du cheval.

Que dire alors du tigre, de sa beauté comme de sa force ? L'homme ne peut concentrer toutes les beautés de la nature. Deux attitudes s'offrent à lui : admirer et respecter ou bien accaparer et détruire. La civilisation hindoue s'efforce de conserver la première attitude. Les civilisations occidentale et orientale poursuivent quant à elles leurs effroyables saccages.

Si j'ai tenu à évoquer le tigre, ce n'est pas parce que le genre humain, le genre *Homo*, émerge à la même époque que le genre *Tigris*, il y a plus de deux millions d'années. La concordance des temps ne correspond pas à celle des lieux puisque le premier est africain et le second asiatique, bien que ces deux superprédateurs aient dû se rencontrer aux confins de l'Inde, par une sorte d'impatience de l'évolution. Je n'ai pas non plus éprouvé une révélation mystique à la faveur d'un périple en Inde. Non, tout simplement, il y a quelques années, j'ai participé à l'écriture d'un ouvrage collectif, *La Plus Belle Histoire des animaux*, qui a intéressé Nicolas Hulot. C'est ainsi que j'ai eu le bonheur d'être invité à suivre la réalisation d'un épisode d'*Ushuaïa Nature* intitulé « L'empreinte du tigre ». Et je me suis retrouvé embarqué dans un superbe voyage sur les dernières traces du tigre et directement confronté à la question de sa conservation. J'ai ainsi pu ressentir sur le terrain combien l'expansion de l'humanité pèse sur l'avenir de la planète et de sa biodiversité.

Cependant, je suis paléoanthropologue. Et je rejoins Richard Leakey, l'auteur de *La Sixième Extinction*, qui évoque les cinq grandes extinctions qui ont marqué l'histoire de la vie, provoquées par des volcans, la dérive des continents, des météorites, des glaciations, des ouvertures et des fermetures d'océans, etc., autant de causes extérieures à la vie qui ont pesé lourdement sur son histoire. Mais la vie continue. Pas avec les mêmes acteurs pour autant ! La sixième extinction est en cours et, pour la première fois dans l'histoire, elle est due à une espèce vivante : l'homme. Les grandes extinctions du passé sont des instantanés géologiques qui s'étendent néanmoins sur des centaines de milliers d'années. Pour la sixième en cours, à peine un siècle. Au rythme actuel que suit la destruction de la biodiversité, il nous reste très peu de temps pour espérer arrêter cette apocalypse.

Les paléoanthropologues ont un rôle particulier et fondamental à jouer dans la prise de conscience, encore marginale, de ce risque majeur. Il leur revient de rappeler combien notre évolution est liée à toute l'histoire de la vie. Certes, l'homme est une espèce consciente, mais consciente de quoi ? De sa domination croissante sur la nature ? Sans aucun doute. De sa responsabilité pour l'avenir de la planète, de la nature et de l'homme ? On en doute. Aujourd'hui, il n'y a qu'une seule espèce d'hommes sur la Terre. Il n'y a pas si longtemps que cela, au moins deux se côtoyaient en Europe et peut-être aussi en Asie. On peut y voir une confirmation que notre espèce serait l'élue et que notre succès actuel traduirait le processus triomphal de l'hominisation. Pour moi, au contraire, nous sommes les derniers représentants d'une lignée qui, partie d'Afrique il y a plusieurs millions d'années, a connu une formidable expansion avant d'être sévèrement affectée par les âges glaciaires, comme la plupart des autres lignées de mammifères.

Classiquement, le concept d'hominisation évoque l'évolution de l'homme vers la prise de conscience de sa place dans l'histoire de la vie. Il s'installe comme une espèce unique qui, par sa pensée, ses agissements et ses entreprises, prend en main son propre destin comme celui de la vie. Seulement, ce beau concept se traduit par la domination de notre espèce sur le vivant et pour ses seuls besoins. On mesure désormais les conséquences déjà irréparables d'une telle vision du monde. L'hominisation, bien au contraire, doit se construire sur ce que sont notre évolution et notre place dans la nature, et nous devons bien comprendre que nous faisons corps avec une grande histoire qui continue. Car la suite dépend de nous et il nous reste peu de temps !

Le tigre, à cet égard, est emblématique. Toutes les espèces participent de la biodiversité et de l'évolution. Cependant, les tigres se plaçant au sommet des systèmes écologiques, les préserver, c'est maintenir des communautés écologiques entières, où ils trouvent leurs proies.

En tant qu'Occidental, je ne voudrais pas laisser croire que l'on attend de l'Inde et des autres pays hébergeant les dernières populations de tigres qu'ils soient seuls responsables alors que l'Occident et d'autres cultures ont failli. L'attitude de l'Inde est exemplaire au vu de sa situation démographique et économique. Hélas, cela ne suffira pas. Une prise de conscience internationale s'impose et les politiques de conservation doivent être internationales. Selon le mot de Rudyard Kipling, « c'est le fardeau de l'homme blanc », mais dans une acception bien différente : nous avons une dette et surtout pas de leçon à donner. Que des pays aussi riches que ceux de l'Occident n'arrivent pas à conserver quelques rares prédateurs est désespérant.

En tant que paléoanthropologue, je tiens à redire à ceux qui persistent à croire que le processus d'hominisation nous affranchit de toute responsabilité qu'il ne nous reste qu'une génération pour vraiment devenir *Homo sapiens.*

Introduction

Il était une fois deux très grands félins. L'un a quitté il y a deux millions d'années son berceau originel, l'Afrique, en compagnie du seul grand singe migrateur, l'homme, pour partir à la conquête de l'Ancien Monde. La migration du lion s'est arrêtée aux confins occidentaux de l'Inde, quand les savanes arborées rencontrent le monde des forêts, domaine d'un autre seigneur : le tigre. Seul l'homme a franchi cette frontière sauvage.

Le lion occupe une place royale dans nos représentations et dans nos mythes, des peintures de la grotte Chauvet aux sigles les plus divers en passant par les étendards et les blasons. Il reste le félin le mieux connu et le plus social. Le tigre ne jouit pas, lui, d'une telle symbolique marquant la prestance sociale d'un seigneur qui domine son monde. Il reste le fauve qui peut surgir à tout moment de nulle part et partout disparaître. Il symbolise la force sauvage qui s'abat d'un coup. Cette image prévaut d'autant plus que l'on connaît peu les comportements naturels du plus grand des félins actuels. Telle est sans doute la source de son mystère. Un autre livre de la jungle reste à écrire, qui rendrait hommage à ce seigneur presque déchu par les hommes.

L'idée de cet ouvrage-ci nous est venue au cours d'un tournage d'*Ushuaïa Nature*. C'était en Inde, avec Nicolas Hulot. De nos discussions à tous les trois autour d'un feu de bois ou à dos d'éléphant est sorti ce terrible constat : on ne connaît presque rien du tigre. Nous avons donc tenté de présenter au lecteur de la façon la plus vivante et la plus parlante possible l'état des connaissances actuelles, de dresser le portrait du tigre dans ses environnements et d'exposer les problèmes que pose sa conservation et la question aussi urgente que fondamentale de la préservation des faunes sauvages sur une planète toujours plus anthropique. Les photographies de François Savigny font découvrir des scènes qui, mieux que de longs textes, rendront le lecteur plus proche de ces grands fauves si mal connus. Tant il est vrai que les démarches des scientifiques, leurs modes d'observation ne recouvrent pas ceux des photographes. Ils n'ont pas le même œil et ne voient pas les mêmes choses.

Ce livre répond aussi à une urgence. Alors que l'espèce était au bord de l'extinction, il y a une trentaine d'années, la volonté politique de l'Inde, portée par Indira Gandhi, a conduit à la création de parcs et de sanctuaires pour la protection des tigres et des faunes sauvages. Aujourd'hui, le succès de cette politique est remis en cause, au moment même où le gouvernement chinois s'émeut du sort de ses derniers tigres. Rappelons en effet que trois sous-espèces de tigre ont disparu au cours des vingt dernières années, à Java et dans la région de la mer Caspienne. L'avenir de la diversité biologique sur la planète est donc aussi en jeu.

1. Jeux de massacres

Les prochaines générations seront vraiment affligées que ce siècle ait fait preuve d'aussi peu de prévoyance et de compassion, et qu'il ait manqué de générosité d'esprit au point de chercher à éliminer l'un des plus beaux animaux que la Terre ait portés.

George Schaller

Il fut un temps, pas si lointain, où le plus grand des félins voyait ses territoires s'étendre de la Chine jusqu'aux confins orientaux de la Turquie et du nord-est de la Russie aux îles de la Sonde. Même les grands conquérants mongols ne purent jamais imaginer dominer des étendues aussi vastes. Pourtant, le tigre est un seigneur modeste qui s'efforce de vivre loin de la fureur des hommes. Aussi redoutable que discret, il établit ses domaines là où le couvert végétal est assez dense et surtout où le grand gibier est assez abondant. Les deux causes qui vont le conduire au bord de l'extinction sont réunies, dès lors que le monde obscur des forêts se détériore et que l'expansion des populations humaines les met en quête d'autres terres pour survivre.

Nous avons tous en mémoire le Shere Kahn du *Livre de la jungle*. Vieux tigre s'accrochant de ses griffes usées à son statut de seigneur chancelant, il ne cesse d'œuvrer pour attraper Mowgli, le petit homme placé sous la protection des habitants de la jungle. Dans la nouvelle de Kipling, c'est le tigre qui est un loup pour l'homme. La fin de la nouvelle est différente de l'adaptation imaginée par les studios Walt Disney. Mowgli met en place un stratagème complexe qui amène Shere Kahn à sortir de la forêt et à s'approcher du village. Pour ce faire, il doit traverser un vallon étroit. C'est alors qu'un troupeau de buffles domestiques lance une charge furieuse et terrasse Shere Kahn.

Cette fin peu glorieuse illustre la défaite du tigre, symbole du monde sauvage, face à des animaux domestiques guidés par un homme. Elle résume le danger principal qui menace le tigre : l'expansion des populations humaines et de leur bétail comme la nécessité d'aller collecter du bois, du miel et d'autres ressources dans les forêts. D'ailleurs, chez Kipling, tout ce qui touche au sauvage est dépeint de façon très péjorative. Les singes, proches de l'homme, sont mis au ban du peuple de la jungle ; quant au gibier sauvage dont dépend si étroitement la survie du tigre, les cervidés, les sangliers et les bovidés sauvages, il en est à peine fait mention.

Prise de conscience

Entre la publication de la nouvelle de Kipling en 1894 et la sortie du dessin animé en 1968, le tigre a failli disparaître à jamais. Combien en restait-il au début du XXe siècle ? On n'en sait tristement rien, probablement cent mille. Aujourd'hui, on estime la population mondiale de tigres sauvages entre cinq et sept mille, dont plus de la moitié en Inde. Quelques milliers donc, après trente années de politique de conservation. Car la période la plus sombre est venue après la Seconde Guerre mondiale. Sur les huit sous-espèces de tigre admises, trois se sont éteintes : celui de la Caspienne, celui de Java et celui de Bali. Il s'est ensuivi une prise de conscience, d'autant plus salvatrice que, les effectifs de ces grands félins se réduisant comme peau de chagrin, la peau de tigre attirait de plus en plus de « grands chasseurs » : dans leur délire pathologique de destruction, ils voulaient tirer gloire d'avoir tué les derniers spécimens sauvages. Il y a de quoi s'inquiéter d'une culture, occidentale en l'occurrence, qui valorise des comportements aussi stupides. Certes, il y eut bien par le passé de très grandes chasses organisées en Inde par de puissants maharadjahs, mais ce fut surtout après l'arrivée des Occidentaux, et ce sont eux, dans leur folie de pouvoir, qui ont fait de la chasse au tigre une activité à la fois sportive et glorieuse.

Tous les chasseurs ne sont pas aussi morbides. L'un d'entre eux, Jim Corbett, prit conscience du danger d'extinction et fut l'un des grands pionniers de la conservation des tigres. S'il tua des dizaines de tigres, ce fut d'abord avec l'insouciance des hommes de son temps, habitués à l'abondance des faunes sauvages. Sur les contreforts de l'Himalaya, au nord-est de l'Inde, il constata cependant que les tigres se faisaient de plus en plus rares. Il troqua donc son fusil pour une caméra et fut le premier à plaider la cause du grand félin.

C'est ainsi que la première réserve naturelle dédiée à la protection du tigre fut créée en 1957; elle porte son nom. Du reste, un très beau film vient de lui être consacré, *L'Inde, royaume du tigre* de Bruce Neibaur. La prise de conscience a aussi reposé sur le livre de George B. Schaller intitulé *Le Tigre et le cerf*, publié en 1967. Grâce à l'opiniâtreté de quelques-uns, l'urgence de la situation a fini par alarmer des politiques, et non des moindres, puisque Indira Ghandi elle-même s'est engagée pour cette cause. C'est ainsi qu'elle a lancé un vaste programme de sauvegarde du tigre prévoyant la création de dizaines de réserves naturelles et de parcs régionaux et nationaux. Le tigre a remplacé l'énigmatique lion d'Asie sur les documents officiels de l'Inde. Inconvénient majeur: des milliers de villages et des centaines de milliers de personnes ont dû être déplacés. C'est dire le courage qu'il a fallu pour mettre en œuvre de telles mesures.

C'est ainsi que la population des tigres est passée de quelques centaines à quelques milliers en vingt ans. Tout semble pourtant remis en question car ce succès ne saurait être durable sans un renouvellement de la politique de conservation qui passe par une meilleure connaissance de l'écologie et de l'éthologie du tigre – pas de bonne conservation sans bonne science ! –, mais aussi en faisant des populations humaines les premières concernées des acteurs privilégiés. On ne rendra jamais assez hommage à l'Inde, qui a su préserver ses faunes sauvages. Il y a donc encore de l'espoir, même s'il est mince quand on pense aux terribles disparitions qui émaillent le siècle.

Le tigre le plus connu est celui du Bengale. C'est le plus grand, avec celui de Sibérie ou de l'Amour. On estime aujourd'hui que quatre cent mille individus survivent sur l'ensemble du sous-continent indien. La situation des autres variétés est beaucoup plus précaire ou moins bien appréciée, ce qui revient, hélas, au même.

La disparition des tigres de la Caspienne

Le dernier tigre de la Caspienne a été abattu en 1958. La répartition géographique de cette sous-espèce, dite *Panthera tigris virgata*, s'étendait sur toute l'Asie Mineure et recouvrait les régions situées sur les rives de la mer Caspienne: la Turquie, le nord de l'Iran, peut-être une partie de l'Afghanistan et le sud de la Russie. Quelques dizaines d'années à peine se sont écoulées entre la première description de cette sous-espèce et sa disparition, ce qui traduit bien l'effroyable méconnaissance dont elle a longtemps fait l'objet et l'inconséquence des activités humaines. Comment les zoologistes ont-ils pu ignorer aussi longtemps le plus grand des félins, alors qu'il occupe une telle place dans notre imaginaire, dans nos mythes et même dans nos zoos comme dans nos cirques ? Le tigre aurait-il été la victime de sa magnificence, qui éblouit les hommes ? Du reste, les différentes sous-espèces – huit au total – n'ont été décrites qu'au XXe siècle et à partir de quelques spécimens seulement. À croire que tous les progrès accomplis en zoologie depuis un siècle sont passés à côté du tigre.

Pour les tigres de la Caspienne, le commencement de la fin s'est annoncé avec l'avancée de la colonisation russe. L'arrivée de colons s'accompagne de l'extension de l'agriculture, notamment le long des cours d'eau qui servent de voix de pénétration, comme ce fut le cas pour les fleuves Mississippi et Ohio au temps de la conquête de l'Ouest en

Amérique du Nord. C'est là que se noue le destin du tigre de la Caspienne, car la vaste contrée qu'il occupe se compose de forêts qui s'étendent près de l'eau. Celles-ci pénètrent des régions plus ou moins désertiques en suivant les fleuves et les rivières comme autant d'avancées audacieuses dans des steppes qui, sans cela, seraient peu propices aux tigres et à leurs proies.

Très vite, les colons défrichent et se lancent dans la traque terrible des animaux sauvages qui pillent leurs cultures : les cerfs et surtout les sangliers, proies privilégiées des tigres. Les tigres ressentent rapidement la pénurie de leurs ressources, sans compter la menace que représente la chasse sportive pratiquée par les officiers de l'armée russe. Fragilisé dans son écologie, il va disparaître rapidement.

Certes, les tigres de la Caspienne ne se cantonnaient pas au sud de la Russie, mais toute cette région de l'Asie subit une dégradation écologique d'une ampleur jamais égalée en si peu de temps, comme en témoigne l'aspect apocalyptique de la mer d'Aral, aujourd'hui quasiment asséchée. C'est ainsi que le tigre qui combattait dans les arènes du cirque Maxime au temps de la gloire de Rome, le tigre qui a survécu à tous les empires qui ont dominé cette région du monde, a disparu au cours des années 1980.

La disparition des tigres des îles de la Sonde

Difficile d'affirmer que le tigre de Bali, *Panthera tigris balica*, constituait une autre sous-espèce : en effet, on en sait bien peu sur lui et il a disparu au cours des années 1940 !

Le destin du tigre de Java, *Panthera tigris sondaica*, découle aussi de la poussée démographique des hommes comme de leurs activités. Les tigres étaient nombreux dans toute l'île au XIXe siècle. Après 1900 se développent les forêts de tecks. Leur expansion investit toutes les régions propices, sauf les parties de Java peu accessibles en raison de reliefs très encaissés. Dès lors, la faune sauvage se retrouve confinée dans quelques refuges, comme à Meru Beriti. Ce recul dans la diversité et la production végétales ne permet plus d'entretenir une grande diversité d'herbivores. Les cervidés sont de très petite taille, comme le muntjac, guère plus grand qu'un chevreuil, et les populations de sangliers sont pauvres. Dans ce type de forêts, il y a peu de végétaux au niveau du sol. De fait, ce sont les singes qui représentent les proies les plus abondantes. Dès lors, le tigre, prédateur de proies de grande taille, entre en concurrence avec les panthères, bien plus à l'aise pour traquer ce type de proies. Il disparaît à la fin des années 1980.

Cependant, est-on sûr que cette disparition est totale sur la grande île ? Quelques témoignages récents indiquent la présence de rares individus. Il ne s'agit pourtant que d'indices indirects et il n'est pas certain que, si quelques tigres se sont réfugiés là, ils n'aient pas été introduits par des hommes. De toute façon, les conditions de préservation des derniers refuges naturels sur l'île de Java ne permettent pas à une véritable population de tigres de survivre.

Sumatra est une grande île un peu mystérieuse où subsistent encore quelques grands espaces naturels. Il reste encore entre quatre et cinq cents *Panthera tigris sumatrae*, dont les conditions de préservation autorisent quelque espoir. Voilà sans doute tout ce qui subsiste des tigres des îles, submergés par l'expansion des populations humaines.

Une relique : le tigre du sud de la Chine

Le tigre du sud de la Chine ou d'Amoy, *Panthera tigris amoyensis*, est aussi en passe de s'éteindre. Il n'en reste plus guère qu'une vingtaine d'individus. Plusieurs spécialistes considèrent qu'il représente la variété qui serait la plus proche de l'ancêtre de tous les tigres actuels. Son histoire évolutive reste cependant mal connue.

Il y a encore un demi-siècle, plus de trois mille tigres vivaient dans les forêts méridionales de Chine. Au cours de la Révolution culturelle, l'espèce a été déclarée nuisible. Le massacre a donc réduit la population à seulement quelques dizaines d'individus, les tyrans ayant la fâcheuse tendance à rejeter sur les prédateurs les maux dus à l'exploitation de l'homme par l'homme.

La quasi-disparition du tigre du sud de la Chine signifierait l'extermination d'une quatrième sous-espèce en un demi-siècle. De ce drame, le gouvernement chinois a heureusement fait une question nationale et c'est ainsi que François Savigny a été invité à en photographier les derniers survivants. Le tigre d'Amoy sera la mascotte des jeux Olympiques de Pékin en 2008. Le succès de ces jeux est infiniment plus certain que celui de leur emblème.

L'insondable tigre d'Indochine

Les populations de tigres indochinois, *Panthera tigris corbetti*, s'étendent sur plus de sept pays, pas nécessairement amis. Cela complique considérablement leur évaluation démographique, surtout dans des habitats forestiers denses. Pour dire la difficulté de la tâche, lors d'une étude récente conduite en Malaisie, les chercheurs ont pu identifier cinquante-deux à quatre-vingt-quatre tigres adultes grâce à des appareils photographiques à déclenchement automatique. Plus de cent cinquante « pièges » ont été répartis sur une zone de plus de six cents kilomètres carrés, dans le parc national de Taman Negara. Après cinq années passées sur le terrain, ils n'ont pas vu un seul tigre de leurs yeux.

On estime qu'il en reste encore mille cinq cents dans l'ensemble de l'Indochine. Pour combien de temps ? L'instabilité politique de plusieurs régions comme les divers trafics qui s'y perpétuent menacent les tigres, qui sont chassés afin d'alimenter les filières de la pharmacopée chinoise. Les guérilleros échangent des armes contre des carcasses de tigre, sans oublier les populations si démunies qu'une peau, payée à vil prix, leur procure ce dont elles manquent cruellement. Les braconniers n'hésitent pas, par exemple au Cambodge, à utiliser des armes de guerre comme des mines antipersonnel disposées sur les sentiers empruntés par les tigres ou autour de proies et autres pièges servant à les attirer. Pour toutes ces raisons, le tigre d'Indochine reste peu observé et risque de disparaître avant qu'on puisse rassembler un minimum de connaissances.

Des tigres dans la neige

Le tigre évoque toujours le grand fauve de la jungle. On ne s'étonne guère de savoir que des populations occupent l'Inde, l'Indochine et les grandes îles de la Sonde. On est plus surpris de réaliser que les tigres de la Caspienne rugissaient aux portes de l'Europe il n'y a pas encore si longtemps. Mais des tigres en Sibérie, des tigres dans la neige ? C'est là que se trouve pourtant le plus grand des plus grands : *Panthera tigris altaica*. Il en reste entre trois cent cinquante à quatre cents en Sibérie, moins d'une trentaine en Mandchourie et à peine une dizaine en Corée du Nord. Les populations de Chine et de Corée sont appelées à disparaître. Quant à celles de Sibérie, elles rencontrent à nouveau une situation très critique après une période de renaissance.

Au moment de l'effondrement de l'empire soviétique ne survivait qu'à peine une centaine de tigres de l'Amour. C'est alors que s'engage l'une des toutes premières collaborations entre ce qui est encore l'URSS et les États-Unis. Le temps d'une décennie, les effectifs des populations de tigres croissent jusqu'à nourrir les plus beaux espoirs. Hélas, les vicissitudes de la politique internationale et surtout les ouvertures des frontières à tous les trafics remettent tout en cause. L'histoire des tigres de l'Amour traverse le XXe siècle et mérite d'être racontée.

Tout commence – pour les hommes, pas pour les tigres – par la mission du lieutenant Vladimir Arseniev. Il est chargé par son état-major d'explorer une région encore mal connue de l'empire du tsar, qui s'étend entre la mer du Japon et le fleuve Oussouri entre 40° et 55° de latitude nord. La chaîne montagneuse du Sikhote-Aline s'élève à une altitude moyenne de huit cents mètres. Le paysage, d'une beauté à couper le souffle, s'étale en une vaste taïga, composée de pins et d'épicéas en altitude et, plus bas, de chênes, de peupliers, de noyers, de charmes et de bouleaux. La première exploration d'Arseniev date de 1906 et il a pour guide un homme de la tribu golde, rattachée au peuple toungouse-mandchou, Dersou Ouzala. Les cinéphiles auront reconnu le titre de l'un des plus beaux films du réalisateur japonais Akira Kurosawa, *Dersou Ouzala*, œuvre dédiée à la rencontre de deux hommes issus de cultures si différentes. Leur amitié a reposé sur la découverte par Arseniev de l'infinie beauté de la nature grâce au témoin déjà conscient d'un monde en train de changer irrémédiablement.

Un autre explorateur célèbre avait précédé Arseniev en Sibérie, Przewalski, découvreur du lac Khanka et surtout des derniers chevaux vraiment sauvages qui portent son nom et que l'on retrouve peints de façon si fidèle dans la grotte de Niaux en France et, de manière plus stylisée, à Pech Merle, à Lascaux et ailleurs.

Du temps de Dersou, la région du Sikhote-Aline abritait l'une des plus riches communautés écologiques de la planète avec des cerfs, des daims tachetés, des chevreuils de Mandchourie, des bœufs musqués et, d'après les notes d'Arseniev, des sangliers pesant jusqu'à trois cents kilogrammes. Les prédateurs étaient extrêmement divers : des ours bruns et noirs, des léopards, des loups, des lynx et... des tigres. Les ressources de ces territoires ont attiré de tout temps les chasseurs de fourrures, notamment pour la précieuse zibeline, et les collecteurs des non moins précieuses racines de ginseng. Dersou était déjà profondément affecté par les chasses aux grands fauves conduites par les officiers russes de la base de

Vladivostok, comme par les saccages perpétrés par les Chinois du Nord. La Mandchourie ayant été complètement ravagée – il ne restait plus que des chiens, des corbeaux et des rats, selon Dersou –, les collecteurs chinois venaient exploiter les richesses de la Sibérie.

Pendant les troubles de la Révolution, les soldats rouges et blancs se livrent de terribles combats et, démunis de provisions, tirent sur tout ce qui vit. Les tigres et leurs proies payent leur tribu. Après la révolution russe, les potentats du Parti se substituent aux officiers tsaristes en organisant de grandes chasses au cours desquelles jusqu'à une dizaine de tigres sont abattus, sans oublier les tigresses éliminées dans le but de récupérer les petits destinés à passer leur vie dans des zoos, les tigres de Sibérie étant les plus prisés des cirques en raison de leur taille.

Les Mandchous sont chassés de l'Oussouri et de l'Amour en 1935, et l'Union soviétique crée la réserve de la biosphère du Sikhote-Aline, l'année suivante. On estime que seulement une cinquantaine de tigres survivaient encore dans cette vaste région. Ce chiffre tombe à une vingtaine en 1940. Les combats de la Seconde Guerre mondiale laissent quelque répit aux tigres. Toute chasse est interdite en 1947 et l'espèce est déclarée protégée en 1962. Leurs effectifs croissent rapidement, plus de 250, voir 450 d'après une estimation livrée en 1985, qui est considérée comme exagérée. Quelle que soit la réalité de ces chiffres, les tigres de l'Amour semblent sauvés.

C'est en 1992 que se met en place le projet « Tigres de Sibérie ». Il associe pour la première fois des scientifiques russes et américains. C'est l'une des toutes premières collaborations entre ces deux pays. Cette région a longtemps été interdite à toute présence étrangère à cause de la base stratégique de Vladivostok – on se souvient de l'avion de ligne abattu par des missiles à la fin des années 1980. On peut citer un projet similaire d'étude des tigres qui consistait à utiliser des colliers radio-émetteurs mis au point par des naturalistes américains mais qui avait été bloqué par l'administration Nixon. Les temps changent après 1989. Le projet « Tigres de Sibérie » se met en place. Rien n'est simple, évidemment, notamment repérer des tigres et leur installer des colliers émetteurs. C'est ainsi que s'engage l'une des rares études sur ces grands félins encore peu connus.

Malheureusement, l'écroulement de l'empire soviétique entraîne l'ouverture des frontières et les conditions économiques sont si désastreuses que les ressources naturelles de Sibérie sont négociées auprès de grandes compagnies internationales, notamment pour l'exploitation des ressources minières et forestières. Ces activités ouvrent des voies d'accès à toutes ces régions dont profitent les trafiquants, d'autant qu'ils peuvent s'équiper aisément d'armes et de véhicules tout terrain.

Des compagnies internationales américaines et coréennes, notamment, font des coupes rases et, bien qu'elles soient dans l'obligation de replanter, elles procèdent comme en Alaska en laissant derrière elles des paysages lunaires. Ce n'est pas seulement le sort des tigres et des communautés écologiques qui se joue, c'est aussi celui des peuples traditionnels de ces régions. Ces exploitations éhontées n'apportent rien aux économies locales et encore moins aux Nanaï, aux Oudégués et autres Toungouses, qui nourrissent un fort ressentiment contre ces saccages. Ils se savent condamnés à brève échéance et il faut prendre conscience du désarroi de ces hommes broyés par des enjeux économiques à l'échelle internationale.

Réaliser des images du tigre de Chine n'est pas chose facile. Ils ont presque disparu, il n'en reste que dix à trente à l'état sauvage.
Avec l'accord des autorités chinoises, j'ai pu visiter le seul centre scientifique possédant des informations sur cette sous-espèce. Malheureusement, et ce depuis des décennies, le braconnage dans ce pays a été chose courante et même encouragée par les plus hautes instances politiques, ce qui explique que, le plus souvent, il ne m'a été possible de photographier que des peaux d'animaux massacrés. Ces officiers chinois furent assez réticents à me montrer l'une d'entre elles, complètement mitée et certainement dans leurs locaux depuis une dizaine d'années, en m'assurant que c'était le dernier tigre à avoir été braconné. Je reste néanmoins sceptique ! Ils ont cependant été très coopératifs et m'ont ouvert leurs portes sans hésitation. C'est une nouvelle génération de gardes forestiers qui gèrent ce programme. Extrêmement motivés et efficaces, car officiellement soutenus par leur ministère. Changer les mentalités ancestrales, notamment en ce qui concerne la médecine traditionnelle, sera sûrement compliqué ! Je leur souhaite bonne chance.

L'essor économique des pays asiatiques n'arrange rien. L'accession des classes moyennes à des revenus plus importants leur donne la possibilité d'accéder à des produits chers, dont les dérivés du tigre. Avec le saccage des régions naturelles et l'intensification du braconnage, les tigres se trouvent à nouveau menacés.

Un compte à rebours funeste

En cinquante ans, la plupart des tigres ont donc disparu, dont trois sous-espèces. L'aire de répartition, qui recouvrait presque toute l'Asie autour de l'immense chaîne de l'Himalaya, est devenue une triste carte ne montrant plus que quelques parcelles de régions centrées sur l'Inde, l'Indonésie et aussi le nord de la Chine comme le nord-est de la Russie. Si la dimension géographique internationale du tigre s'est réduite à ce point, sa conservation est devenue une urgence planétaire.

Aujourd'hui, l'Occident s'efforce de payer sa dette, mais il reste fort à faire. D'autres menaces pèsent pourtant sur le tigre. Et d'abord la difficile situation économique et sanitaire des populations qui vivent dans le voisinage du grand félin. Sans leur collaboration, aucune conservation pérenne n'est envisageable. Le pire danger provient toutefois des trafics de toutes sortes qui suscitent un braconnage intense. La menace se nourrit, là aussi, de croyances et de représentations plus ou moins archaïques, et de l'influence de la médecine chinoise. Ce magnifique animal suscite tant de mythes et de croyances que toutes les parties de son corps sont censées contribuer à soigner toutes sortes de maux, sans oublier ses vertus pour accroître la vigueur sexuelle. Quelques milliers de tigres face aux besoins irrationnels de centaines de millions de Chinois ! La richesse accrue de cet immense pays et la mondialisation laissent augurer d'un avenir bien sombre pour le tigre. Le gouvernement chinois tente d'insuffler une véritable prise de conscience et on peut espérer une évolution comparable à celle des fragiles pandas. Mais que faire devant des habitudes séculaires aussi profondément enracinées ?

Entre l'Occident en proie à son anthropocentrisme viscéral et à sa phobie de la nature sauvage, et l'Orient enfermé dans ses pratiques séculaires, le tigre à peu d'espoir. Fort heureusement, il y a d'autres grandes civilisations, d'autres cultures que celles de l'Europe occidentale et de l'Empire du Milieu. L'Inde propose une belle leçon, mais encore bien fragile.

La question est de savoir qui observe qui. Cette image résume à elle seule l'une des expériences les plus spectaculaires qu'il m'ait été donné de vivre auprès des tigres. Vous avez, sur un éléphant, quatre personnages qui se trouvent être de mes amis et qui ne se sentent pas tellement en sécurité, à juste titre d'ailleurs ! De l'autre côté, une tigresse adulte, dans une position de détente, semble prête à bondir. En fait, il n'en est rien. Cette femelle est simplement étonnée d'être dans une position inhabituelle de domination qui lui confère un avantage indéniable sur nos compères, légèrement en contrebas, et qui à ce moment précis aimeraient être n'importe où sauf ici ! Ajoutons à cela l'inquiétude de l'éléphant !... Normalement, la situation est inversée !
Cette scène unique ne durera que quelques instants ; notre tigresse, ayant satisfait sa curiosité, s'en ira tranquillement comme elle était venue. Je peux vous garantir que mes amis se souviennent encore de cet instant !

2. Légendes du tigre et tigres de légende

Quand on voit un tigre, c'est toujours un rêve.

Ullas Karanth

Dersou Ouzala appelle le tigre le *grand amba*, le protecteur de la forêt. Tous les peuples qui vivent depuis des siècles et parfois des millénaires dans son voisinage craignent et respectent ce prédateur aussi grand que mystérieux. Seuls ceux qui s'approchent des hommes, les mangeurs d'hommes, se font tuer. C'est ressenti comme un profond désordre du monde, puisque des hommes sont victimes de celui qui n'aurait jamais dû sortir du mythe. Le tuer est donc nécessaire, mais cela exige une cérémonie du regret pour rétablir l'équilibre entre les hommes et celui qui symbolise la nature.

Même les plus grands chasseurs s'étonnent de la difficulté à observer le tigre. Selon un proverbe indien, « quand tu as vu le tigre, le tigre t'a déjà vu cent fois ». Arseniev et Dersou ont sillonné pendant des années et en toutes saisons l'Oussori. Ils ont croisé plusieurs fois leur chemin ou plutôt l'inverse puisque un de leurs chiens fut emporté. Mais Arseniev n'a jamais vu le tigre dont la présence secrète l'intriguait. Face à son dépit, Dersou s'exclame que l'homme qui n'a jamais vu *amba* est heureux et chanceux. Car lui fut attaqué par un tigre. Il dut tirer, le manqua et fut sévèrement blessé. Il rampa pendant des jours, à l'agonie, avant d'être retrouvé par sa femme partie à sa recherche. Dersou vivait cela comme une sorte de malédiction, pensant qu'un jour le malheur viendrait le frapper. Arseniev écrit dans son journal : « Nous restâmes silencieux quelques instants dans l'espoir qu'un frémissement, fût-il des plus légers, viendrait trahir la présence du tigre, mais un silence de mort régnait tout autour. Ce silence m'inspira le mystère et la peur. » Comment un animal, aussi beau soit-il, peut-il occuper une telle place dans notre imaginaire, dans nos mythes, dans nos angoisses comme dans nos rêves, tout en étant si peu connu ?

Des tigres dans la tête

Le tigre s'impose comme la figure emblématique de la force et de la vitalité, surtout lorsqu'elles se manifestent de façon soudaine, et parfois cruelle. L'histoire a retenu quelques expressions presque oubliées qui ont marqué leur temps, comme ces « tigres de papier » décriés par Mao Ze Dong pour dénoncer la fausse puissance de l'Occident et du capitalisme. Du côté du capitalisme, beaucoup se souviennent du slogan de la multinationale Exxon/Esso : « Mettez un tigre dans votre moteur ! » Ces vingt dernières années, les économies émergentes puis florissantes de Singapour, de Hong-Kong, de Corée du Sud et de Malaisie se sont érigées en tigres de l'économie mondiale. Plus dramatiques, des conflits ont ensanglanté le nord du Sri Lanka, opposant les Tigres tamouls aux forces gouvernementales… même s'il n'y a jamais eu de tigre dans ce pays. Au Pakistan, où l'on n'a pas vu non plus de tigre vivant de mémoire d'homme, le parti politique de la Ligue musulmane l'a pris pour effigie, largement exhibée lors du succès électoral de 1997. Il apparaît aussi sur les billets de banque du Bangladesh, pays qui paie un lourd tribut humain puisque plus de trois cents personnes meurent sous ses crocs chaque année. Il fut déjà symbole des jeux Olympiques, à Séoul de 1988. Deux tigres supportent les armoiries nationales de la Malaisie. Le Laos, quant à lui, l'a choisi pour une édition rare de timbres de collection. Ainsi les pays d'Asie déclinent-ils ce symbole puissant.

Nul besoin de fréquenter le tigre dans son milieu naturel pour s'approprier son image. Une célèbre équipe de football américain s'appelle les *Bengals* de Cincinnati. Dans les années 1990, Berlin cherche à s'imposer comme la place centrale du futur développement économique de l'Europe centrale et orientale en se présentant sur des affiches avec seize têtes de jeunes tigres. Reste que les plus belles légendes sont celles des peuples qui partagent un voisinage séculaire avec ce félin.

Les figures du mythe

Le lion et la panthère jouent un rôle central dans l'art des cavernes depuis plus de trente mille ans, comme à la grotte Chauvet, à Vallon Pont d'Arc, dans l'Ardèche. L'image plus fugace du tigre attendra quelques millénaires avant d'être gravée dans la roche, il y a seulement cinq mille ans, grâce à la civilisation de l'Indus. Nul doute que les hommes fréquentent le tigre depuis des millénaires. Mais il semble que le représenter a longtemps confiné à une sorte de blasphème. La fascination qu'il éveille par sa beauté et sa puissance, ainsi que la solitude qui le rend si fugace auraient empêché en quelque sorte de le fixer, comme si c'était contre nature.

L'hindouisme se répand en Inde avec les populations aryennes. La déesse Durga se déplace chevauchant un tigre alors que Siva, l'une des déesses les plus importantes du panthéon hindou, siège sur un trône recouvert d'une peau de tigre. De nos jours, les pêcheurs des Sandarbands du Bangladesh rendent hommage à Durga avant de s'engager dans les étroits chenaux des mangroves où vivent les derniers mangeurs d'hommes.

Au cours des périodes historiques plus récentes le bouddhisme se diffuse. Il ne peut faire l'économie de la charge symbolique et mythique du tigre. Dans les temples bouddhistes de Thaïlande, du Bouthan, de Chine, du Tibet et d'ailleurs, on trouve toujours un autel avec la figure spirituelle du tigre. Il en va de même dans les légendes populaires, où abondent les imprudents changés en hommes-tigres à la pleine lune, comme nos loups-garous. Sans compter l'année du Tigre, qui revient tous les douze ans. Dans certaines régions de Chine, les adultes dessinent un tigre sur le front des enfants pour leur conférer santé et vigueur. Et, lors des processions et des cérémonies religieuses, les enfants portent des capes ornées de signes et de rayures évoquant le seigneur mythique des forêts. En Corée, le tigre incarne l'esprit de la montagne, un tigre blanc campant le gardien qui regarde vers l'ouest.

Le tigre n'a pas non plus échappé à l'Occident. Même si l'Empire romain a plutôt privilégié le lion, des tigres feront partie de l'effroyable bestiaire des cirques et des jeux sanglants de Rome. De magnifiques spécimens servent dans les parades célébrant les vainqueurs. Néron, prêt à toutes les folies, fonde une ménagerie. Et le poète Martial d'imaginer le chariot de Bacchus tiré par un couple de tigres.

Par la suite, le tigre intéressera surtout chasseurs et zoologistes soucieux de composer de pittoresques collections pour les muséums d'histoire naturelle. Et, plutôt que de revenir à Kipling, mentionnons quelques chefs-d'œuvre artistiques où triomphe le tigre : l'un des poèmes les plus célèbres de William Blake, *La Tempête tropicale* du douanier Rousseau ou encore *Le Tigre du Bengale* de Fritz Lang.

Les figures du combat

Au XVIIIe siècle, le seigneur musulman Tippu règne sur le territoire de Mysore, dans le sud de l'Inde. Il s'oppose avec vigueur à l'expansion coloniale des Britanniques. Ses soldats portent des uniformes rayés comme des peaux de tigre, tout comme leurs armes. Ils se protègent avec des boucliers ornés d'effigies de tigre et marchent sous des bannières frappées de la sentence : « Le tigre est dieu. »

Tippu mène de nombreuses batailles et finit par être vaincu, aux côtés de son père, par le général Hector Munro.

Quelques années plus tard, et très loin des terres de Mysore, un jeune homme se fait happer et tuer par un tigre dans les Sandarbands du golfe du Bengale. Tué et déchiqueté en plein jour, il s'agit du fils du général Munro.

Tippu livre une ultime bataille en 1799. Les troupes coloniales victorieuses investissent son palais. Elles y trouvent un mannequin animé représentant un soldat anglais se faisant dévorer par un tigre. En actionnant quelques leviers, on fait rugir la bête, alors que la victime agite les bras. L'original se trouve de nos jours au Victoria and Albert Museum de Londres et a connu un immense succès grâce à de nombreuses reproductions.

La science contre les croyances ?

Il est évident qu'une bonne politique de conservation doit s'appuyer sur toutes ces représentations. Tout ce qui peut valoriser ce magnifique félin peut favoriser ces actions, en plus du souci de la biodiversité. Toutefois, l'image du superprédateur dominateur bondissant sur n'importe quelle proie risque d'être néfaste. La force du tigre tient à sa capacité à survivre au sein d'écosystèmes complexes, riches en proies de grande taille et en contact avec les hommes. Si les connaissances scientifiques peuvent aider à récuser des croyances qui menacent directement le tigre, comme la médecine chinoise, elles n'ont pas pour vocation d'écarter les symboliques qui, pour certaines, ont conduit les populations vivant dans son voisinage séculaire à le respecter. Comme toujours, les attitudes extrêmes n'arrangent rien. D'aucuns soutiennent que le tigre a une telle charge symbolique que mener des études mobilisant des moyens modernes comme la rétention provisoire afin de contrôler leur état de santé ou encore le marquage des individus est indigne d'un tel animal. Cela n'a guère de sens. Bien le connaître ne désacralise pas le tigre.

3. Ce grand félin qui vient du nord

Bien que le tigre peuple l'imaginaire de presque toutes les cultures, il a une évolution. À vrai dire, on connaît bien peu de chose des fossiles putatifs de *Panthera tigris*. Les connaissances fragmentaires dont nous disposons proviennent le plus souvent de sites paléontologiques et archéologiques associés à des hommes fossiles, considérés selon les auteurs comme des ancêtres de l'homme actuel, les *Homo erectus* au sens large. Les plus anciens vestiges connus remontent au plus à deux millions d'années, ce qui correspond aussi à l'apparition du genre *Homo*. Cependant, si les hommes émergent en Afrique et entament leur expansion vers l'est dès cette époque, les tigres trouvent leur berceau en Asie orientale avant d'étendre leurs territoires vers le sud et l'ouest.

La radiation des félins rugissants

Le tigre appartient au genre *Panthera*, qui rassemble actuellement la plupart des grands félins comme les lions (*Panthera leo*), les panthères ou léopards (*Panthera panthera*). Les autres grands félins sont les jaguars et les pumas des Amériques.

Il s'avère très difficile de distinguer un lion d'un tigre d'après le crâne ou le reste du squelette, si ce n'est que ce dernier à tendance à avoir des membres relativement plus courts. On arrive à bien distinguer les panthères, mais avant tout en raison de différences de taille très marquées : plus de deux cents kilos pour les tigres et les lions pour moins de cent pour les panthères !

On connaît assez mal l'histoire évolutive récente des grands félins. Leur radiation se concrétise au cours du Pléistocène, période plus récente de l'histoire de la Terre, qui commence vers 1,750 million d'années jusqu'à 10 000 ans. C'est la période des âges glaciaires, marquée par des changements climatiques fréquents et de grande envergure, qui influencent l'histoire de la faune comme celle des hommes, souvent de façon dramatique.

Tous les carnivores actuels composent un ordre de mammifères appelé *Carnivora* : les mangeurs de viande. Leurs principaux caractères distinctifs sont une denture plutôt simplifiée, des canines développées et surtout les carnassières, couple de dents formé par la première molaire inférieure et la dernière prémolaire supérieure. Une grande lignée de carnivores comprend les Ursidés (ours, pandas), les Canidés (loups, renards, chacals, coyotes, fennecs, etc.). Une autre grande lignée réunit les vivérridiés (martres, belettes, visons, etc.), les Hyénidés (hyènes) et les Félidés, qui nous intéressent ici. Parmi ces derniers, on connaît beaucoup de genres de petite taille (chats, ocelots, lynx, etc.).

Les félins de grande taille sont plus rares. Si les lions et les tigres d'aujourd'hui nous impressionnent avec leur masse corporelle de plusieurs centaines de kilogrammes, il a existé des félins encore plus impressionnants en Afrique, en Europe et en Amérique, les « tigres à dents de sabre » par exemple, qui vivaient entre cinq et un million d'années. Ils ne sont pas directement apparentés au genre *Panthera* actuel. En Afrique et en Europe, nos ancêtres pouvaient croiser des smilodons. Des espèces très ressemblantes, des hyracothérium, arpentaient l'Amérique du Nord. Elles se sont éteintes avec les grandes fauves avant l'arrivée des premiers hommes sur ce continent. Ces tigres à dents de sabre étaient apparemment spécialisés dans la chasse aux mastodontes et autres mammifères de très grande taille. Ils ont laissé la place aux félins du genre *Panthera* que nous connaissons aujourd'hui.

La rareté des fossiles ne permet pas de reconstituer l'évolution récente des félins. Cela s'explique en partie par le fait qu'ils vivent essentiellement dans des milieux forestiers, fort peu propices à la conservation des organismes. Dans ce cas, on se tourne vers ce qu'on appelle la systématique moléculaire. Cette discipline récente a bouleversé la compréhension des relations de parenté entre les hommes et les grands singes africains. Elle a pour vocation d'étudier la diversité présente et passée des espèces et de rechercher leurs relations actuelles et passées dans le but de proposer des classifications. Fondée notamment par Charles Linné au début du XVIIIe siècle, elle a produit les classifications auxquelles nous sommes habitués. Pendant deux siècles, la systématique s'est appuyée sur la comparaison des caractères anatomiques, principalement ceux du squelette et des dents. Avec la découverte des supports moléculaires de l'hérédité au cours des années 1950, la systématique investit les comparaisons au plus près des caractères génétiques.

La plupart des classifications classiques ont été bouleversées. Par exemple, la classe des reptiles comme celle des oiseaux n'ont plus aucun sens. Certains reptiles du passé, et non des moindres puisqu'il s'agit des dinosaures, sont les ancêtres des oiseaux actuels, ce qui oblige à les ranger dans un même groupe. Plus surprenant encore, certains poissons actuels comme les dipneustes – ils possèdent de branchies pour respirer dans l'eau et des poumons pour respirer dans l'air – sont plus proches de l'homme et de la vache que de la truite ou du turbot.

Plus proche de nous, la systématique moléculaire confirme que les chimpanzés et les hommes actuels partagent plus de 99 % de leurs gènes ! Au-delà des chiffres, il est démontré que, dans la nature actuelle, les chimpanzés et les hommes sont plus proches les uns des autres qu'ils ne le sont des autres grands singes comme les gorilles ou les orangs-outans. Autrement dit, les chimpanzés et les hommes partagent un dernier ancêtre commun exclusif qui vivait en Afrique il y a environ sept millions d'années. De telles données ont obligé à repenser toute l'histoire évolutive de l'homme et de la plupart des autres lignées évolutives. Malheureusement, on ne dispose pas de connaissances aussi précises pour l'histoire évolutive des grands félins.

Les travaux les plus récents indiquent une divergence récente des lignées de grands félins actuels, vers deux millions d'années. Cette radiation prend place en Asie, bien que les lions et les panthères semblent se diversifier en Afrique. Au vu de l'étroite ressemblance anatomique et génétique de ces grands félins, autant dire que le berceau géographique du genre *Panthera* reste du domaine des hypothèses.

Le fait que ces divergences soient récentes ne facilite pas l'élucidation de cette question, surtout au regard du manque de fossiles. Par ailleurs, la systématique moléculaire est handicapée par la très faible variabilité génétique entre les populations de grands félins actuels. Les études menées sur les panthères d'Afrique, sur les lions d'Afrique comme ceux d'Asie et sur les tigres l'attestent. Cela plaide pour des origines récentes : il ne s'est pas passé assez de temps pour que s'installe une plus grande variabilité. Les ancêtres récents de ces grands félins ont dû passer par ce qu'on appelle des goulots d'étranglement évolutifs : les fluctuations climatiques des âges glaciaires ont provoqué des changements d'environnement considérables qui ont entraîné de nombreuses extinctions – comme celle des « tigres à dents de sabre » et des mastodontes – et amené d'autres espèces au bord de l'extinction, celles-ci voyant leurs populations diminuer. On comprend dès lors que ces populations à faibles effectifs aient légué une faible variabilité génétique à leurs descendants.

Une histoire évolutive très incertaine

Certaines données tirées de la systématique moléculaire indiqueraient que les tigres du sud de la Chine représentent une population proche de ce que furent à l'origine tous les tigres actuels. Parmi les rares fossiles connus, l'un des plus anciens provient de cette région. Il faut rappeler que le sud de la Chine est couvert de forêts tempérées chaudes et de forêts tropicales qui hébergent une grande diversité d'espèces de mammifères. Pour d'autres chercheurs, le berceau géographique des tigres se situerait plus au nord, ce qui nous rapproche des territoires des tigres de Sibérie ou de l'Amour. La Chine actuelle abrite à elle seule quatre sous-espèces de tigres : ceux du Bengale au sud-ouest ; ceux d'Indochine au sud ; ceux d'Amoy dans sa partie méridionale et ceux de l'Amour au nord. Il semble très plausible que les origines des tigres se situent en Asie orientale, mais quant au berceau géographique précis, on est loin de pouvoir le préciser.

Depuis la Chine méridionale, les tigres auraient donc entamé leur radiation géographique jusqu'à occuper presque toute l'Asie. C'est ainsi que ceux de l'est auraient gagné l'ouest, jusqu'à ce qu'ils rencontrent les lions, venus d'Afrique. Le fait que ces grands félins soient si proches exclut toute cohabitation : c'est ce qu'on appelle le principe d'exclusion écologique. Cependant, contrairement aux hommes qui se montrent assez particuliers à cet égard, les grands félins sont liés à des systèmes écologiques dont ils occupent le sommet en tant que superprédateurs. Ils se contentent de suivre leur communauté écologique. Or celles des tigres et des lions s'avèrent à la fois très similaires et très différentes. Bien qu'ils se montrent assez souples dans le choix de leur habitat, les premiers s'associent à des communautés de savanes découvertes ou arborées, alors que les seconds appartiennent à des communautés de milieux forestiers très divers.

Les proies des communautés savanicoles des lions se composent principalement de bovidés de toutes sortes, antilopes, gnous, gazelles, et parfois d'équidés comme les zèbres et de suidés comme les phacochères. Les autres prédateurs sont les léopards, les guépards et les hyènes. Les proies des communautés arboricoles des tigres sont essentiellement des cervidés, chitals, muntjacs, sambars, cerfs divers, auxquels s'ajoutent des bovidés comme les buffles, les gaurs, les nilgauts et aussi les sangliers. Les prédateurs concurrents sont les panthères et les redoutables dholes ou chiens sauvages, et parfois les ours. Les structures de ces communautés écologiques respectives sont donc très semblables, si ce n'est que, dans les communautés savanicoles, c'est la grande radiation des bovidés de petite et de moyenne taille qui correspond à celle des cervidés dans les habitats arboricoles. Plus que

la structure de ces communautés, c'est certainement le fait que les uns doivent chasser dans des milieux plus ouverts – les lions – qui rend compte de leur système social en groupes alors que les autres – les tigres – chassent en solitaires.

La frontière entre ces communautés à lions et à tigres a dû considérablement migrer au cours du Pléistocène. Lors des stades glaciaires, en effet, les grandes quantités d'eau immobilisées dans la banquise et les glaciers ont réduit la pluviosité globale, ce qui a provoqué une régression des forêts au bénéfice des savanes et des steppes. C'est ainsi que, vers deux millions d'années, des communautés savanicoles d'Afrique ont migré vers le nord et se sont retrouvées en Eurasie. Parmi elles, les ancêtres immédiats des lions, mais aussi des guépards, des hyènes, des rhinocéros, des mammouths, des antilopes qui pousseront jusqu'en Inde. Là, aux abords de l'Indus, ces communautés savanicoles marquent le pas à l'est car commence le domaine du tigre et des communautés arboricoles. Seuls les hommes et les mammouths iront plus loin.

Il en est de même plus au nord, vers l'Asie centrale. Le domaine du lion s'étend alors sur l'Afrique, l'Europe et l'Asie occidentale. D'après les peintures de la grotte Chauvet, les mâles ne possédaient pas de grande crinière. C'est la peau d'un tel lion qu'Hercule portait sur ces épaules. C'est ce lion que les grands rois perses, comme Darius, chassaient avec fureur. Aujourd'hui, les derniers survivants des lions d'Eurasie trouvent un ultime refuge dans la forêt de Gyr, dans l'État du Gudjurat, le plus à l'ouest de l'Inde. Eux aussi manifestent une très faible diversité génétique et sont au bord de l'extinction alors que les autres représentants de leur communauté, comme les guépards, ont déjà été éliminés par la folie des hommes.

Des mouvements opposés se produisent lors des périodes interglaciaires avec l'expansion des milieux forestiers, après la dernière glaciation, il y a dix mille ans. Cette avancée des milieux forestiers a certainement porté le tigre vers la Sibérie au nord, vers les îles de la Sonde au sud, de l'autre côté de l'équateur, et jusqu'aux portes de l'Europe à l'ouest, partout où on les observait il y a encore à peine un demi-siècle.

Par quelles voies de migration les tigres sont-ils passés de l'Asie orientale à l'Asie occidentale ? L'immense massif de l'Himalaya comme les vastes steppes de Mongolie représentent des obstacles infranchissables, bien que de rares observations témoignent d'individus à plus de 4 000 mètres d'altitude et d'autres de déplacements sur près de 1 000 kilomètres. Une fois de plus, le manque de fossiles ne permet pas de tester l'hypothèse d'un passage au nord de l'Himalaya, peu probable, ou celui plus plausible par le sud.

Les fluctuations climatiques dues aux glaciations ont largement influencé la dispersion géographique des tigres. Lors des périodes glaciaires, le niveau des mers s'abaisse et dégage le plateau continental des îles de la Sonde, qui se trouvent reliées pour former le Sunda. Le couvert forestier, quant à lui, se fragmente sur le continent, isolant les populations de tigres les unes des autres. Inversement, lors des périodes interglaciaires, les îles de la Sonde redeviennent des îles, isolant les populations de tigres de Bali, de Sumatra, de Java et, en des temps plus anciens, du Japon. Les forêts composent un immense arc végétal qui enserre l'Himalaya par l'est, le sud et l'ouest. Les changements d'environnement qui se succèdent ainsi depuis deux millions d'années sont propices à la formation de sous-espèces. Autrement dit, les ruptures de flux génétiques entre des populations, si elles durent assez longtemps, conduisent à des variétés régionales ou géographiques. Elles conservent toutefois leur place au sein de la même espèce car ces populations se retrouvent en contact et échangent à nouveau des gènes. Par définition, une espèce biologique rassemble les individus des populations qui sont interféconables entre eux. De nos jours, il n'y a qu'une seule espèce humaine, car toute femme peut se reproduire avec tout homme sur cette Terre. Il en va de même pour les tigres.

On admet classiquement qu'il existait il y a encore cinquante ans huit sous-espèces de tigres. Ce point tend toutefois à être remis en question. Ce n'est pas là une querelle de spécialistes pointilleux, car connaître la diversité génétique des populations de tigres est de prime importance pour imaginer une bonne politique de conservation et définir les modalités de reproduction dans les parcs zoologiques. D'autre part, mieux définir la variabilité des tigres, dont les populations se répartissent sur d'immenses aires géographiques, permet de cerner leurs capacités adaptatives et de tester les lois empiriques présidant à l'adaptation des espèces en fonction du climat comme de l'altitude et de la latitude.

Combien de sous-espèces ?

L'espèce *Panthera tigris* apparaît sous la plume de Linné dans l'édition de 1758 de son *Système de la Nature*. Y figure aussi la sous-espèce *Panthera tigris tigris*, appelée aussi le tigre du Bengale, que l'on trouve en Inde, au Bangladesh, au Bouthan, au Népal, à l'ouest du Myanmar (ex-Birmanie) et dans le sud de la Chine. Son effectif total est estimé entre 3000 à 4500 individus sauvages, soit presque les trois cinquièmes de tous les tigres répertoriés de nos jours.

La seconde sous-espèce est *Panthera tigris virgata*, ainsi dénommée par Illiger en 1815. C'est le tigre de la Caspienne connu autrefois en Afghanistan, en Iran, en Turquie, au Tukestan russe et dans la partie orientale de la Chine. Il a probablement disparu depuis 1970.

Temminck a proposé deux sous-espèces en 1844 : *Panthera tigris altaica* et *Panthera tigris sondaica*, respectivement le tigre de Sibérie ou de l'Amour et le tigre de Java ou des îles de la Sonde. On trouve le tigre de Sibérie en Mandchourie, dans le nord-est de la Chine, en Russie orientale et en Corée du Nord. Ses effectifs sont estimés entre 360 et 400 individus. Quant à celui de Java, on pense qu'il a disparu récemment, au cours des années 1980, bien que certains indices récents laissent quelques espoirs.

En 1905, Hilzheimer crée la sous-espèce *Panthera tigris amoyensis*, dont la dernière population se réduit à moins de trente individus vivant dans une réserve du sud de la Chine.

Quant au tigre de Bali, *Panthera tigris balica*, il est à peine identifié par Schwarz en 1912 qu'il s'éteint en 1940. Le tigre le mieux préservé – ce qui est très relatif – des îles de la Sonde avec une population comptant entre 400 et 500 individus est celui de Sumatra, *Panthera tigris sumatrae*, nommé par Pocock en 1929.

Enfin, la dernière sous-espèce proposée par Mazak en 1968 est *Panthera tigris corbetti*. C'est le tigre de la péninsule indochinoise que l'on rencontre encore au Cambodge, dans le sud de la Chine, au Laos, en Malaisie, dans l'est du Myanmar, en Thaïlande et au Viêt-nam. Son effectif global comprend entre 1200 et 1700 individus. Tous ces chiffres proviennent d'études récentes accompagnant un vaste programme international pour la conservation du tigre. Leur marge d'incertitude est due au fait qu'il est très difficile d'observer ces grands félins. On peut espérer qu'il en existe davantage, mais l'intensité du braconnage et la détérioration de leur habitat tempèrent tout optimisme.

Classiquement, une sous-espèce désigne un ensemble de populations d'une espèce le plus souvent isolée géographiquement, mais dont les individus peuvent se reproduire entre eux. Dans ce cas, on parle de sous-espèce allopatrique, littéralement sur des territoires différents ; celles qui sont dites parapatriques occupent des domaines géographiques voisins ; celles qui sont dites sympatriques partagent le même territoire, ce qui suppose des mœurs et des habitudes quelque peu différentes et annonce un possible processus de spéciation. Dans le cas des tigres, on retrouve les deux premiers types de sous-espèces, pour autant qu'elles soient avérées.

En effet, longtemps les zoologistes se sont contentés de nommer une espèce ou une sous-espèce à partir d'un seul spécimen. Cette démarche typologique ne prenait pas en compte la variabilité. Aujourd'hui, on s'efforce de retenir cet aspect fondamental de la dynamique évolutive des populations, notamment en conduisant des analyses à partir du matériel génétique. Mais comment faire pour les tigres ? Les spécimens ayant servi à

décrire et nommer les sous-espèces citées plus haut sont souvent mal répertoriés dans les muséums et en fort mauvais état. Quand bien même ce ne serait pas le cas, il est clair que cela ne suffirait pas pour valider ces sous-espèces.

Récemment, A. Kictchener a entrepris une étude à partir des caractères de la peau : la couleur de la robe, le nombre et la distribution des stries. Il s'est aussi livré à une analyse biométrique du crâne. Cela a permis de faire ressortir certaines différences entre les populations de tigres, sans qu'il soit pourtant possible de retenir les huit sous-espèces admises. Il existe une continuité géographique dans l'expression de la variation des caractères retenus, ce qu'on appelle un cline. Ainsi, la taille corporelle des femelles change peu selon les populations alors que l'essentiel des différences est dû aux mâles. Dès lors, les populations de tigres ne se rangent pas selon des entités sous-spécifiques discrètes. C'est ce que confirment aussi les analyses portant sur la variation de l'ADNmt ou ADN mitochondrial.

On en est donc venu à ne plus postuler que deux ou trois sous-espèces. La première vit sur le continent et est appelée *Panthera tigris tigris*. Elle se caractérise par une taille corporelle plus grande et une robe dont la couleur a tendance à être plus claire avec un nombre de stries moins important, le plus souvent inférieur à 27. L'autre regroupe les tigres des îles de la Sonde, *Panthera tigris sondaica*. Elle comprend des individus de plus petite taille, à la robe plus sombre et aux rayures plus nombreuses.

Une autre hypothèse envisage trois sous-espèces : *Panthera tigris tigris*, comme dans le modèle précédent, avec la possibilité d'associer à ces populations continentales celles de Sumatra ; *Panthera tigris virgata*, qui réunit les populations de l'Asie du Sud-Ouest d'assez grande taille, à la fourrure aux poils plus longs et aux rayures plus nombreuses ; la troisième, *Panthera tigris sondaica*, réunit les tigres de Java et de Bali, plus certaines populations de Sumatra. On retrouve la description livrée plus haut.

Ce qui différencie ces deux modèles reflète assez bien l'histoire évolutive récente du tigre depuis deux millions années. Les huit sous-espèces classiques ont été identifiées récemment alors que la distribution géographique des tigres prenait la forme que nous lui connaissons aujourd'hui. Il est donc facile d'y reconnaître des populations isolées géographiquement, ce qui correspond aussi à la définition classique d'une sous-espèce. Cette attitude correspond aussi à la compréhension classique de l'adaptation dans le cadre des théories néodarwiniennes de l'évolution. Cette conception suppose que les espèces et leurs populations sont en équilibre étroit avec leur environnement. Les théories plus récentes de l'évolution épousent au contraire une vision plus dynamique des écosystèmes et l'apport considérable de la biologie moléculaire permet de mieux répondre à ces questions.

On est donc passé de huit sous-espèces classiques à des modèles plus réductionnistes, admettant deux ou trois sous-espèces. Entre ces deux modèles, on note que les différences se fondent, d'une part sur l'existence possible d'une sous-espèce en Asie centrale et occidentale – les tigres de la Caspienne – et le statut ambigu des populations de tigres de Sumatra.

Une question emblématique

Ces controverses techniques autour de la diversité des populations de tigres sont en réalité toutes tendues vers la mise en œuvre urgente de la meilleure politique de conservation possible. D'un point de vue scientifique, on voit mieux combien il est difficile de cerner la variabilité des populations de tigres à la lumière des erreurs commises au cours du siècle dernier. Étant donné l'extinction de populations entières, si on veut avoir recours à des analyses menées à partir de l'ADN, il ne reste que quatre sous-espèces sur les huit admises auparavant. Certaines techniques permettent cependant d'extraire de l'ADNmt d'ossements et, mieux encore, de peaux conservées dans des muséums. Dans ce cas, il faut que les spécimens aient été très bien répertoriés, notamment quant à leur provenance géographique exacte, ce qui est loin d'être le cas. On paye là les impérities des politiques qui ont inspiré l'acquisition des collections établies dans des contextes à la fois scientifique et de conservation fort différents. Ainsi, pour son étude portant sur la variation des caractères du crâne, Kitchener n'a pu composer qu'un échantillon de quarante-quatre crânes de tigres de Sibérie après en avoir cherché dans des dizaines de muséums d'Amérique du Nord, d'Europe et d'Asie. On imagine les difficultés rencontrées pour les tigres de Chine. Ce pays semble être à la fois le berceau géographique de cette espèce et abrite encore quatre sous-espèces, mais on connaît bien mal les relations comme les fluctuations qui ont affecté l'étendue de leurs aires géographiques au cours de leur histoire. Le constat est donc affligeant, alors que ces questions fondamentales se posent de façon urgente si l'on veut sauver ce qui peut l'être.

Le fait que l'on retienne deux ou trois sous-espèces traduit la distribution clinale de la variabilité des populations de tigres. Ce n'est guère surprenant vu les capacités adaptatives de ce félin. La valse des changements d'environnement provoqués par les glaciations a contribué à la fois à isoler temporairement les populations, ce qui s'est traduit par une rupture des flux génétiques, et à les remettre en contact, rétablissant ainsi ces mêmes flux. Sur le continent, ces phénomènes ont résulté de la fragmentation du couvert forestier lors des périodes glaciaires et de son expansion lors des périodes interglaciaires ; pour les îles de la Sonde, ce sont l'abaissement du niveau des mers au cours des stades froids et son élévation lors des stades cléments qui ont joué. Les populations ne sont donc jamais restées très longtemps isolées, ce qui explique la distribution clinale de la variabilité, même entre les populations du continent et celles des îles de la Sonde. De plus, les tigres sont capables de se déplacer sur des centaines de kilomètres et de nager sur des distances de trente kilomètres dans l'eau douce et de plus de vingt dans la mer. Le cas de Sumatra semble l'illustrer puisque, au cours de périodes récentes, des tigres de plus grande taille, donc venus du continent, s'y sont installés. C'est dire la formidable endurance de ce grand félin, le seul capable de nager, et son aptitude à vivre dans de nombreux habitats et à s'adapter à une diversité étonnante de climats.

4. Le tigre dans tous ses habitats

Peu d'espèces parviennent à s'adapter à des habitats très divers. L'homme est le seul mammifère que l'on rencontre sous toutes les latitudes, sous toutes les longitudes et à toutes les altitudes. On l'a même vu sur la Lune ! C'est la conséquence d'une longue histoire, qui commence en Afrique il y a deux millions d'années, avec *Homo ergaster*, pour, après bien des avatars qui nous échappent encore, arriver à notre espèce actuelle, unique en son genre, répartie sur toute la Terre. Plusieurs espèces humaines se sont succédé et se sont côtoyées, ce qui implique des processus d'adaptation biologique, comme pour les hommes de Neandertal en Europe et probablement certains *Homo erectus* d'Asie. Cependant, les capacités adaptatives de l'homme reposent sur ses aptitudes à aménager son habitat, à construire des abris, à utiliser le feu, à fabriquer des vêtements, à conserver et à préparer les nourritures, autrement dit sur ses innovations techniques et culturelles. Rien de tel pour le tigre.
Et pourtant, il a occupé une grande diversité d'habitats sur une grande partie de l'Asie, bien avant que les hommes soient devenus capables d'en faire autant. Un point commun cependant, même si les ressorts de leur adaptation respective diffèrent considérablement : ce sont des superprédateurs qui occupent le sommet des systèmes écologiques. Et ils sont capables de se procurer la seule nourriture qui soit accessible sous toutes les latitudes et en toute saison : la viande.

Adaptation et spécialisation

Les zoologistes distinguent les espèces dites « stéréotopiques », car elles sont étroitement dépendantes de caractéristiques précises de l'habitat, comme l'accès aux nourritures en fonction du régime alimentaire. À l'opposé, on trouve des espèces dites « eurytopiques » : elles manifestent un certain éclectisme. Ces catégories ont leur pertinence pour les espèces dites « herbivores » au sens large. Cependant, consommer telle ou telle plante n'est pas aussi simple qu'il y paraît.

Ainsi la famille des bovidés qui entame sa formidable radiation à la faveur des changements d'environnement des dix derniers millions d'années, notamment en Afrique. Cette famille réunit des dizaines d'espèces d'antilopes, de gazelles et de bovins. Certaines espèces préfèrent brouter les feuilles des arbres et surtout des arbustes, ce qui les oblige à vivre dans des milieux plus ou moins arborés. D'autres espèces se sont engagées dans les savanes plus ouvertes, domaines de plantes récentes dans l'histoire de l'évolution, les graminées. Or les graminées contiennent dans leur structure des grains de silice ou phytolithes (littéralement « pierre des plantes ») qui, on s'en doute, provoquent une forte usure des dents. Les espèces adaptées à la consommation de ces plantes ont acquis des dents dites « hypsodontes », c'est-à-dire à croissance continue et à racine ouverte. D'autres adaptations bien connues concernent l'appareil gastro-intestinal, comme le caecum des chevaux ou l'estomac sacculé des bovins. Autrement dit, manger des plantes n'est pas simple et conduit à des spécialisations.

Chez les singes, on trouve des espèces spécialisées dans la consommation de feuilles. Seulement les arbres ont développé au cours de l'évolution des défenses chimiques redoutables : alcaloïdes, tanins, strychnines, etc., qui troublent gravement la digestion, jusqu'à provoquer des intoxications. On comprend dès lors que de telles espèces soient stéréotopiques. Des exceptions toutefois chez des singes comme les babouins, les macaques et surtout les grands singes, hommes, chimpanzés, orangs-outans, mais pas les gorilles, qui ont un choix alimentaire très éclectique. Ce sont en effet des frugivores omnivores qui consomment des fruits, des feuilles, des fleurs, des insectes et même de la viande. Ces espèces eurytopiques sont capables de vivre dans les forêts les plus denses et les plus humides comme dans des savanes arborées. On note cependant une dépendance par rapport au monde des arbres et c'est pour cela que l'on trouve les singes, à de très rares exceptions près, confinés dans les biotopes compris dans la bande des tropiques. Seul l'homme parmi les singes a pu s'adapter sous d'autres latitudes parce que, devenu un véritable prédateur depuis deux millions d'années, il peut se procurer de la viande, seule nourriture accessible d'un cercle arctique à l'autre.

Des proies et des prédateurs

Ce détour chez les herbivores montre bien la complexité des biotopes et des relations entre les types de végétation et ces espèces. La chaîne alimentaire impose des contraintes. En la remontant, on rencontre cependant moins de contraintes liées à la chimie de la digestion. La viande se digère facilement et les prédateurs n'ont pas de spécialisation particulière, si ce n'est un équipement enzymatique qui permet à certaines espèces de tolérer de la viande plus ou moins avariée. Les propriétaires de chiens et de chats savent bien que les premiers acceptent de manger une viande avancée alors qu'un chat la refuse. Quant aux hyènes et aux chacals, plus charognards, ils nous surprennent… c'est le moins qu'on puisse dire. Les superprédateurs comme les lions et les tigres préfèrent des proies fraîchement tuées, ce qui les rend très dépendants de l'abondance du gibier. Ils occupent donc la position la plus fragile car ils sont « en bout de chaîne ».

L'émergence de ces superprédateurs s'inscrit dans le cadre des changements climatiques qui se succèdent depuis deux millions d'années. C'est dans ce contexte que se développe la radiation des bovidés savanicoles d'Afrique avec le lion et que se manifeste celle des cervidés arboricoles d'Asie avec le tigre. Cela montre l'étroite dépendance de ces grands félins avec leurs communautés écologiques respectives. Cela permet aussi d'expliquer pourquoi le domaine du tigre s'arrête là où commence celui du lion et inversement. Les lions peuvent très bien chasser des cervidés et les tigres abattre des antilopes. Toutefois, ces grands félins ont évolué dans des communautés écologiques distinctes et leurs places ne sont pas interchangeables. D'autre part, plus on monte dans la chaîne alimentaire, plus les places sont rares. Le principe d'exclusion écologique stipule que des espèces très proches d'un point de vue à la fois phylogénétique et écologique ne peuvent que diverger ou se maintenir dans des domaines qui ne peuvent pas se recouvrir. Par conséquent, les lions et les tigres occupant des positions très semblables, ils sont liés à leur communauté écologique d'origine.

Il serait vain de croire que les tigres, que l'on trouve de la Sibérie à l'île de Java, sont plus éclectiques que les lions qui, de nos jours, se trouvent confinés dans des milieux chauds limités à la bande des tropiques. L'état de la nature est en effet effroyablement dégradé par l'expansion des populations humaines. Si on ne connaît pas bien l'histoire évolutive des tigres, on en sait un peu plus sur les lions. Ces derniers se sont adaptés aux conditions climatiques et environnementales de l'Europe glaciaire, à l'instar d'autres espèces venues d'Afrique et qui « étaient du voyage » elles aussi, comme les hyènes, les panthères, les rhinocéros, les éléphants et autres mammouths.

Les espèces s'adaptent au sein de leur communauté écologique et ces dernières évoluent elles aussi. On comprend dès lors que d'une communauté écologique à l'autre, on ne peut substituer un herbivore à un autre ou un prédateur à un autre. Très peu d'espèces sont capables de s'installer dans des communautés écologiques différentes. L'homme est d'ailleurs l'une des rares à le pouvoir.

Gardons-nous cependant de verser dans la vision naïve qui transforme les communautés écologiques en engrenages bien huilés, conception que l'on retrouve chez les naturalistes du XVIIIe siècle influencés par l'idée de « providence ». Cette idée s'est perpétuée jusque dans le « programme adaptationniste », lequel postulait que les espèces étaient en équilibre étroit avec leur milieu. Le tigre dans tous ses habitats illustre au contraire superbement la complexité de l'évolution et de l'adaptation, qui est en fait un jeu fait de contraintes et de souplesse, dans une perspective dynamique. Le caractère clinal de la variabilité des populations de tigres en est un très bel exemple.

Être ou ne pas être grand

Les tigres sont les plus grands des félins actuels. Toutes populations confondues, la masse corporelle des adultes va de deux cents à quatre cents kilogrammes. Cette variation considérable dépend du sexe et de l'habitat.

La taille corporelle est un caractère adaptatif important qui dépend de plusieurs facteurs de sélection naturelle et sexuelle : la température et l'humidité (thermorégulation), le type de régime alimentaire (la disponibilité des proies au fil des saisons pour les prédateurs ou la qualité nutritionnelle des nourritures végétales pour les herbivores), les espèces concurrentes (divergence écologique) ou encore la compétition sexuelle (dimorphisme sexuel).

Le dimorphisme sexuel est lié à l'intensité de la compétition entre les mâles, ceux-ci étant d'autant plus corpulents qu'ils s'efforcent d'avoir un accès exclusif à un plus grand nombre de femelles. Toutefois, c'est l'étude de la variation de la taille des femelles qui livre des indications plus fines en termes d'adaptation à l'habitat. On considère que les femelles représentent le « sexe écologique », car, le plus souvent gestantes et allaitantes, elles ont des besoins nutritifs relativement plus importants que les mâles.

La taille corporelle des femelles varie bien moins que celle des mâles d'une population à l'autre. Est-ce à dire que ce caractère ne change pas ou peu en fonction des caractéristiques physiques de l'habitat ? Il est probable que les contraintes physiologiques qui pèsent sur la femelle n'autorisent pas une adaptation plus fine. Quant aux mâles, s'ils ne rencontrent pas ce type de contraintes, il est clair que la compétition sexuelle tend à amplifier ces facteurs adaptatifs.

Les tigres sont un bon exemple de la loi empirique de Bergman. D'après cette loi, les populations d'une même espèce ou d'espèces très proches ont tendance à acquérir une taille relativement plus grande en fonction de la latitude. Autrement dit, plus on s'éloigne de l'équateur, et plus la température moyenne décroît et plus les différences entre les saisons sont marquées, plus les animaux sont corpulents. Cela s'explique par un rapport entre les surfaces et les masses relatives du corps. Plus on est grand, plus les masses deviennent importantes par rapport aux surfaces. Comme les échanges de chaleur entre le corps et l'air ambiant passent par les surfaces, un animal perd moins de chaleur sous un climat plus froid s'il est plus grand. Inversement, s'il vit dans un environnement plus chaud et plus humide, une plus petite taille favorise la dissipation de la chaleur et une meilleure thermorégulation.

Les tigres les plus petits se trouvent dans les îles de la Sonde, notamment ceux de Java, de Bali et certaines populations de Sumatra. Ils ont aussi une peau un peu plus sombre et davantage de stries, ce qui peut aussi favoriser une meilleure thermorégulation. Cependant, si ces observations sont conformes à la loi de Bergman, il ne faut pas oublier que ces populations vivent dans des îles. Or l'insularité joue aussi sur l'évolution de la taille corporelle. Dans les îles de la Méditerranée, on a découvert des hippopotames « nains » et des rongeurs « géants ». Dans certaines îles proches du Japon et de la Californie, les cerfs ont atteint de très petites tailles. Au nord de la Sibérie, on a retrouvé des mammouths nains. Ce phénomène s'explique par la moindre diversité végétale, et donc des ressources, mais aussi par l'absence de prédateurs. Ces derniers jouent un rôle sélectif important pour la taille des herbivores. Il est évident que la deuxième explication ne tient pas pour des tigres vivant sur des îles, bien que cela puisse dépendre de la compétition avec d'autres prédateurs comme les panthères. Ces dernières étant plus éclectiques dans la prédation de proies de petite et de moyenne taille, leur absence ou leur moindre présence laisse cette niche plus accessible à des tigres moins corpulents. Il n'en reste pas moins que les tigres des îles de la Sonde semblent avoir suivi la loi de Bergman si on les compare à la sous-espèce du continent, bien que l'insularité et des facteurs liés à la dérive génétique aient pu jouer un rôle considérable.

Sans aucun doute, c'est au sein de la sous-espèce continentale que peut se vérifier la loi de Bergman en raison de la distribution clinale de leur variabilité associée à des ruptures moins fréquentes de flux génétiques et donc aux risques de dérive génétique. Bien que l'on connaisse encore assez mal la taille corporelle des tigres de la péninsule indochinoise, il est clair que ces derniers, vivant dans des forêts tropicales humides, sont nettement plus petits que ceux de Sibérie. Le plus grand tigre jamais tué était de Sibérie et pesait 484 kilogrammes. C'est évidemment exceptionnel. Il n'en reste pas moins que la taille varie, en moyenne de 200 à 300 kilogrammes pour les populations vivant près de l'équateur pour atteindre 250 à 350 kilogrammes en Sibérie, soit des variations de l'ordre de 50 % !

Comme toujours avec ce type de règle empirique, on constate des entorses. Il n'y a pas de corrélation parfaite entre la latitude et l'accroissement moyen de la taille corporelle. Ainsi, les tigres du Bengale, et plus précisément ceux du nord-est de l'Inde, affichent des tailles corporelles imposantes. Un autre facteur semble intervenir ici : l'altitude. Même sous ces latitudes relativement basses, les biotopes connaissent des variations de température saisonnières importantes. La survie lors des saisons hivernales sur les contreforts de l'Himalaya confère un avantage aux individus de taille corporelle plus importante.

Des cerfs et des tigres

Pour que de tels félins puissent se nourrir, il faut qu'ils se procurent en moyenne cinq à dix kilogrammes de viande par jour. Si les grands mâles ont des besoins absolus plus importants que les femelles, ces dernières mangent relativement plus à cause de la gestation et de la lactation. Leurs besoins augmentent de 50 % pour celles qui élèvent deux jeunes. Un petit cervidé comme le muntjac procure de la viande pour deux ou trois jours ; un grand cervidé comme le sambar livre près de deux cents kilogrammes de viande et peut faire l'affaire pour deux semaines. Les cervidés composent les trois quarts du régime des tigres, ce qui représente un nombre considérable de proies abattues chaque année. Une

estimation grossière indique en moyenne une proie tous les trois à cinq jours, soit plus d'une centaine de cervidés par an !

Il semble que la taille corporelle soit corrélée aussi à l'abondance des proies en fonction des saisons, autrement dit à la quantité et à la durée de l'abondance du gibier selon les périodes de l'année. C'est la loi empirique de Guthrie et de Geist. Il y a là une aussi une corrélation évidente avec la latitude. La production saisonnière augmente là où les jours s'allongent lors des printemps et des étés de longue durée. Cette corrélation tient jusqu'à des latitudes de 53 à 60° de latitude nord, puis elle s'infléchit à cause de saisons propices trop courtes. Cette loi empirique se superpose donc à celle de Bergman, l'une n'excluant pas l'autre. Ce facteur peut expliquer la grande taille des tigres du Bengale au nord de l'Inde et au Népal, avec une production saisonnière comparable à celle du nord-est de la Russie, bien que les biomasses de proies potentielles soient très différentes entre ces deux régions. Une tigresse occupe des territoires ou des domaines vitaux de vingt à trente kilomètres carrés dans le nord de l'Inde et au Népal contre près de cinq cents en Russie. On rencontre là un autre avantage lié à une grande taille : elle permet de mieux résister aux variations saisonnières et de se déplacer sur de longues distances sans dépenser trop d'énergie.

La taille des tigres et leur densité démographique dépendent donc des proies disponibles. L'essentiel des proies est fourni par les cervidés sur l'ensemble des biotopes occupés par les différentes populations de tigres, auxquels il faut ajouter les sangliers. Ces grands félins n'hésitent pas non plus à s'attaquer à de grands bovidés comme les gaurs ou « bisons indiens », les nilgauts, sorte de grand bovidé à l'allure empesée évoquant aussi les cervidés et apparenté au chameau et au dromadaire, et plus rarement des buffles. Cependant, même le plus grand des félins connaît ses heures maigres et, dans ce cas, il se rabat sur le tout venant : des singes entelles, une panthère trop imprudente, voire un paon et même une mangouste.

Le tigre ne peut donc survivre sans une biomasse suffisamment abondante de cervidés de moyenne et de grande taille. S'il doit orienter sa chasse sur des proies plus petites, il entre en concurrence avec les panthères, mieux adaptées à ce type de gibier. Le cas des tigres de Java illustre bien ce fait. D'après les reliefs de repas identifiés dans une tanière de tigre, on relève des restes de macaque, d'oiseau, de sanglier et de civette des palmiers. Voilà un piètre menu, plutôt fait pour une panthère. L'absence de cervidés, si ce n'est de rares muntjacs, confronte le tigre aux limites de ses capacités d'adaptation, ce qui expliquerait sa quasi-extinction. La conservation du tigre exige donc la préservation de biotopes incluant une grande diversité et une abondance de cervidés, donc de tous les niveaux des systèmes écologiques.

À droite : mangouste ;
en bas : gaur ;
page suivante : sambars.

Page précédente : chitals ;
en bas : sangliers ;
en haut à droite : sambars ;
en bas à droite : barashingas.

Les multiples habitats des tigres

Les forêts tempérées chaudes. Ce type de biotope s'étend sur tout le centre et le nord de l'Inde. L'un des parcs naturels les plus emblématiques est celui de Khana, là ou Kipling est censé avoir trouvé l'inspiration pour écrire *Le Livre de la jungle.* La diversité des faunes est considérable avec cinq espèces de cerfs de toutes les tailles, des gaurs, des buffles, des sangliers et, pour le décor, une nuée de paons et de très nombreux entelles.

Les forêts tropicales. Ce sont les forêts que l'on désigne d'une façon inappropriée par le nom de jungle. Ce terme d'origine indienne désigne en fait toutes les forêts. De nombreuses populations de tigres vivent dans ces biotopes, à condition que ce ne soient pas des forêts trop ombrophiles. Si les couronnes des arbres arrêtent la lumière, la végétation ne se développe pas au sol et il n'y a donc pas de cervidés. C'est le cas du dernier refuge des tigres de Java.

Les mangroves. Le sud du Bengale, qui correspond à l'immense delta du Gange, est recouvert de forêts qui ont les pieds dans l'eau. Ce sont les Sandarbans. L'avancée et le retrait des marées confèrent des caractéristiques très particulières à ces biotopes. On y trouve peu de végétation au sol. Les sangliers et de petits cervidés sont les proies les plus importantes. Une vision étonnante des Sandarbans est l'impression que les couronnes des arbres ont été fauchées à leur base. Cette tonte par le bas est due aux petits cervidés, essentiellement des muntjacs, qui se dressent sur leurs membres postérieurs pour aller brouter les feuilles. Dans les Sandarbans, le seul gibier de grande taille est l'homme. Cette région paye un lourd tribut au tigre : chaque année, on dénombre entre trois et quatre cents victimes. C'est le territoire des mangeurs d'hommes.

Les steppes boisées d'Asie centrale. Les vastes étendues de l'Asie centrale n'offraient qu'un habitat restreint propice aux tigres. Les forêts capables d'abriter des cerfs et des sangliers suivent les cours d'eau, faisant de grandes avancées dans des régions sinon semidésertiques. C'est donc un habitat fragmenté, mais néanmoins important en raison de l'immensité des régions concernées. Ces habitats représentent l'extrême limite occidentale de l'aire d'expansion géographique des tigres. Leur disparition brutale de cette région s'explique en partie par ces caractéristiques.

Les steppes boisées de l'Asie du Nord-Est. Ces régions au climat rigoureux l'hiver hébergent les plus grands de tous les tigres. Chaque individu occupe de très grands domaines vitaux pour trouver des proies. Là aussi, ce sont moins les températures peu clémentes et la nécessité de se déplacer sur de grandes distances que l'accès à des proies en quantité suffisante qui jouent. N'oublions pas cependant la diversité des habitats dans cette vaste région qui inclut la Mandchourie, la Corée du Nord et le nord-est de la Russie.

Au total, on l'aura compris, la souplesse adaptative du tigre dans tous ces habitats témoigne de son formidable potentiel de résilience. Il aura donc fallu les hommes pour amener ce grand félin au bord de l'extinction.

Au moment des plus fortes chaleurs d'avant la mousson, la température flirte quelquefois avec les 50° C, compliquant d'autant la vie des tigres, handicapés par une fourrure épaisse. Plusieurs solutions s'offrent alors à eux, comme de passer la plus grande partie de la journée dans l'eau, si possible dans un lieu ombragé, ou alors d'utiliser les nombreuses grottes, troglodytes ou naturelles, présentes sur leur territoire. Une fois leur patrouille nocturne terminée, ils se dirigent inexorablement vers ces lieux pour ne réapparaître qu'en fin d'après-midi. La protection offerte par ces grottes diminue la température ambiante de quelques précieux degrés. Plus la caverne est profonde, plus elle est convoitée. Il est fréquent que des conflits sérieux soient déclenchés, surtout chez les mâles dominants, quand l'une de ces grottes se trouve à la limite de deux territoires. Les meilleurs endroits étant déjà occupés, cette femelle a choisi de protéger l'arrière de son corps dans une petite grotte et de se confectionner un nid de feuilles mortes, évitant ainsi d'être en contact direct avec la chaleur emmagasinée par le promontoire rocheux.

En bas : sambars ;
en haut à droite : entelles ;
en bas à droite : paon.

La majesté d'un tigre de Sibérie prend toute sa signification quand on le replace dans son décor originel. Pouvoir réaliser des images de cette espèce dans son milieu tient de l'impossible, à moins d'y passer de très nombreuses années et, quand bien même, le résultat n'est pas garanti. On connaît une tigresse qui éleva jusqu'à maturité une portée de deux jeunes tout près d'un village de Sibérie russe, sans jamais, ne serait-ce qu'une seule fois, avoir été vue par les habitants. La population nota simplement que les chiens des alentours disparaissaient rapidement sans explication. Quand elle a été découverte, à la suite d'une battue, elle a malheureusement été tuée. La très belle femelle de cette photo est captive, habituée à la présence des caméras et appareils photo. On peut d'ailleurs la voir dans de nombreuses superproductions internationales. C'est la seule fois où j'ai eu recours à un tigre imprégné et dressé. Sans cela, jamais il ne m'aurait été possible de réaliser ces images.

5. Une vie de fauve

Le tigre surprend par sa capacité à survivre. Voilà qui explique aussi les légendes qui entourent ce seigneur de l'ombre. L'histoire des grandes chasses livre un registre aussi macabre qu'insensé de la vitalité et de la vigueur du tigre. Au Népal, une grande chasse conduite en 1933 dans la région de Naya Muluk donne un tableau ahurissant de 47 tigres abattus. Trois ans plus tard, une autre donne 59 tigres tués. À Chitwan, à seulement 270 kilomètres de là, une première chasse élimine 77 tigres en 1936. Trois plus tard, les chasseurs en abattent encore 120 !

Ces tristes records ne témoignent pas seulement de la folie meurtrière des hommes. Ils démontrent que les tigres ont une dynamique démographique très réactive. C'est ce que constatent les observateurs après la mise en place de réserves ou de parcs destinés à leur conservation. En Russie, grâce à l'une des rares études à long terme menée dans la réserve de Sikhote-Aline, on ne recensait qu'un tigre en 1966 et 24 à 31 en 1993. Le pourcentage de femelles accompagnées de jeunes est passé de 31 à 48 % avec un nombre de jeunes passant, toujours en moyenne, de 1,2 à 1,9, ces femelles étant par ailleurs plus matures, donc plus aptes à bien élever leurs jeunes. Même constat à Kanha, au centre de l'Inde. À Chitwan, au Népal, ce pourcentage atteint 87 % ! De tels chiffres sont un encouragement pour la politique de conservation, car si les conditions sont réunies, lorsque les biotopes sont préservés et les populations de proies potentielles suffisantes, la courbe démographique des tigres augmente rapidement.

Une stratégie de reproduction réactive

Les zoologistes ont coutume de distinguer deux types de reproduction à l'extrême l'un de l'autre : les stratégies dites K et r. Ces lettres désignent les paramètres d'équations assez complexes mises au point par les écologistes.

Les stratégies K concernent souvent des espèces de grande taille, mais la richesse de la vie est telle que les exceptions sont légion. Les femelles ne mettent qu'un seul petit au monde, au mieux un par an, le plus souvent avec plusieurs années d'intervalle. Les jeunes naissent après une gestation assez longue et sont matures ou précoces. Un jeune veau, un jeune faon, un jeune cheval sont vite capables de se dresser sur leurs jambes ; de même, un jeune singe agrippe vite sa mère. L'homme est ainsi une espèce « très K », sauf que les jeunes naissent relativement plus immatures que leurs cousins les chimpanzés ou les gorilles. Les relations avec la mère durent longtemps et, selon les espèces, l'apprentissage de la vie dans l'environnement naturel et social prend aussi du temps. D'un point de vue adaptatif, ce sont des espèces qui vivent en équilibre étroit avec leur biotope et ses ressources.

À l'autre extrême, on trouve les espèces dites r. Elles se caractérisent souvent par de petites tailles corporelles. Les jeunes naissent très immatures au sein de portées parfois nombreuses. La croissance est très rapide. Les individus atteignent la maturité adulte et sexuelle en peu de temps. L'investissement parental, restreint le plus souvent à celui de la mère, se limite à nourrir les jeunes avec un faible investissement en termes d'apprentissage et d'éducation. On reconnaît là les rongeurs, les lapins et leurs prédateurs, comme les renards. Plus proches de nous, les chats et les chiens, ces derniers n'étant pas toujours de petite taille. Ce type de stratégie de reproduction se retrouve chez des espèces dont la production de ressources dans l'environnement varie considérablement au fil des saisons et d'une année sur l'autre. Leur démographie fluctue au gré de la biomasse disponible pour les herbivores et partant pour leurs prédateurs.

Parmi les espèces de grande taille collant à ce type de mode de reproduction, on trouve les sangliers et, évidemment, les grands félins comme les tigres. En raison de leur taille, la croissance prend du temps et les liens avec la mère durent entre plusieurs mois et plusieurs années. Les sangliers ont des régimes omnivores. Puisqu'ils ne sont pas spécialisés, la quête de nourriture requiert une expérience que les mères transmettent à leurs jeunes. Les petits tigres devront aussi apprendre à chasser.

Page suivante :
D'habitude, les tigres sont des félins solitaires. Les rares occasions où l'on en rencontre plusieurs ensemble sont dans le cas d'une femelle avec ses jeunes ou lors de la période de l'accouplement. Le reste du temps, ils ne sont absolument pas grégaires, à l'instar de l'autre grand félin asiatique : le lion. Cette image est assez inhabituelle car quatre tigres adultes (il y en avait même un cinquième un peu plus éloigné) sont réunis à l'heure de la sieste. Pourquoi ? La réponse est assez simple. Une grande femelle du nom de Mohini a, le matin, tué un sambar énorme, qu'elle a commencé à dévorer avec ses deux filles, elles-mêmes presque de taille adulte. Le vacarme de la chasse a attiré sur la scène son fils, qui se trouve être le mâle dominant de la zone. Comme si le vieil adage « plus on est de fous, plus on rit » prenait tout son sens, une autre femelle adulte s'est jointe au festin. Cette dernière se trouve être de la même lignée que Mohini, puisqu'elles sont sœurs. Et tout cela se déroule sans agressivité, car pendant que l'un ou l'une se repaît, les autres se reposent en attendant leur tour, mais toujours sous le contrôle de Mohini.

Si on préserve leur habitat et leur communauté écologique, ils peuvent à nouveau prospérer. On comprend que les mythologies populaires les aient dotés d'une vivacité de reproduction que reprend à son compte la médecine chinoise traditionnelle. Toutefois, les populations de tigres ne se maintiennent et ne se renouvellent que si leur communauté se maintient. Leur stratégie de reproduction répond justement à cette dépendance. Elle devient un atout pour une bonne politique de conservation.

Naissance d'un grand chasseur

Une tigresse met au monde des portées de trois à six petits. Plus de la moitié meurent avant l'âge d'un an. C'est le fardeau des stratégies r. La survie des jeunes dépend aussi de l'expérience et du statut de la mère. Plus celle-ci est âgée, plus elle est expérimentée. Par ailleurs, plus elle est âgée, plus elle a su s'imposer pour maintenir son territoire et entretenir des liens avec ses sœurs et ses enfants, notamment ses fils. Ce qui importe aussi pour la survie des jeunes, c'est l'état des relations avec le père. Bien que les tigres soient des prédateurs solitaires, ils entretiennent nécessairement des relations avec les autres individus. Un mâle dominant assurant sa suprématie sur les territoires de plusieurs femelles est un gage de stabilité, ce qui procure une certaine sérénité aux femelles. En revanche, si un autre mâle vient revendiquer la place d'un mâle déjà installé, alors s'instaure un régime de violence et d'instabilité dont les jeunes peuvent être les victimes.

Le petit tigre naît très immature. Ses yeux sont fermés et sa peau est dénudée. Il se montre incapable de marcher. Sa taille n'excède pas quelques centaines de grammes. L'enfance, qui va jusqu'au sevrage, dure 17 à 20 mois. À ce moment, sa taille atteint déjà 60 kg. En un an et demi, le petit tigre a donc multiplié son poids par cent ! Pour l'homme, ce facteur se situe entre 10 et 20 seulement. Encore un an et demi et le jeune tigre est presque adulte : il pèse alors plus de deux quintaux. Le temps est venu pour les femelles de partir, incitées en cela par leur mère qui a déjà repris une gestation. Il en va de même pour les jeunes mâles qui ne sont plus tolérés par le mâle dominant des lieux. Ils s'en vont donc et doivent se débrouiller seuls pour acquérir, et souvent conquérir, un territoire.

Un chasseur sachant chasser

Le plus grand des félins est un chasseur solitaire. Il opère de préférence du crépuscule à l'aube. Bien que jouissant d'un odorat sensible, il compte avant tout sur son ouïe très fine et sa vision performante pour repérer ses proies. Ses yeux contiennent six fois plus de bâtonnets que ceux de l'homme et un tapis réfléchissant au fond de la rétine – le *tapetum lucidum* – amplifie la lumière reçue, assurant une excellente vision nocturne. La préférence donnée à un sens ou à l'autre dépend de l'habitat et des circonstances. Les tigres des forêts tropicales situées dans la péninsule indochinoise chassent davantage la nuit. Ils comptent donc moins sur leurs yeux que ceux qui vivent dans des milieux plus ouverts et dont les habitudes sont plus diurnes, comme en Sibérie. Ils usent différemment de leurs sens au

Ces trois jeunes mâles d'environ 7 mois ont révolutionné le parc national de Bandhavgarh, en Inde centrale. J'ai pris cette photo en 1997. À cette époque, le panorama de cet endroit, que je considère comme La Mecque pour l'observation de tigres du Bengale, était relativement pauvre. Seul un grand mâle dominant du nom de Chargeur imposait sa loi sur un territoire d'environ 100 km^2, le partageant avec trois femelles, ayant toutes un lien de parenté. Comme ce dernier se trouve être le maître, il serait logique qu'il soit le père de ces jeunes. En fait, c'est leur oncle. Un autre mâle a réussi, à son insu, à s'accoupler avec l'une de ses prétendantes, ce qui a créé de nombreux conflits internes. La mère de ces jeunes se nomme Mohini et le fait qu'elle ait mis bas une portée de trois mâles a bouleversé quelque peu la donne. Quand nos trois frères ont atteint l'âge de sevrage (entre 18 et 22 mois), ils ont été chassés le plus loin possible par leur oncle Chargeur, comme le veut la règle. Cependant, ils ont décidé de s'installer sur le lieu de leur naissance, se divisant le territoire équitablement en trois parts égales. Après la disparition de Chargeur, ils ont attiré de nombreuses femelles et, quelques années plus tard, la population totale de félins est passée de quatre à cinq individus en 1997 à trente et un en 2003. Ce qui est un record sur une superficie de plus ou moins 100 km^2 !

cœur des nuits chaudes des forêts denses pendant la saison humide ou dans les toundras enneigées des hivers boréaux.

Après avoir repéré une proie, le fauve entame une approche aussi lente que discrète. Sa robe le dissimule fort bien dans la végétation et particulièrement dans les hautes herbes. Je me souviens de la première tigresse rencontrée lors de notre voyage. C'était dans le magnifique parc de Kaziranga dont le paysage se déploie en une plaine d'inondation couverte de grandes herbes hautes de plus de deux mètres. La superbe bête sortit de l'écran de verdure pour prendre les derniers rayons du soleil d'une belle fin d'après-midi. Puis, satisfaite, elle repartit dans la végétation et disparut comme par enchantement, en un clin d'œil.

Ayant un territoire, les tigres connaissent bien les chemins que parcourent habituellement les herbivores, notamment pour aller s'abreuver. Ils se terrent dans les feuillages pour attendre patiemment. Ce ne sont pas pour autant des chasseurs à l'affût. Ils aiment suivre ces chemins de prédilection. D'après des observations faites en Inde, ils parcourent dix à vingt kilomètres par jour lorsqu'ils sont en quête d'une proie. Les distances varient considérablement selon la densité ou biomasse des proies. Une femelle vivant dans des habitats denses avec des petits réfugiés dans une « tanière » bougera beaucoup moins qu'un mâle de Sibérie. Les distances parcourues vont de quelques kilomètres à plusieurs dizaines. Puis, lorsque le tigre se trouve à proximité de la proie, il la scrute patiemment en restant à l'affût, ce qui peut durer longtemps, avant d'entamer une approche lente et silencieuse.

En dépit de ses finesses cryptiques, l'approche si patiente du fauve peut être ruinée par son odeur. Les tigres comme les autres félins ne tiennent pas compte du sens du vent, contrairement aux canidés. Comme quoi on peut avoir une belle prestance et incommoder ! L'approche peut aussi être dénoncée par l'attitude vigilante des cervidés et des singes. À Khana et ailleurs, les chitals et les entelles ont coutume de vivre ensemble. Ces singes grands consommateurs de feuilles en laissent tomber pour le plus grand plaisir des cervidés qui broutent au pied des arbres. De leur perchoir, ils scrutent aisément les environs : ce sont les yeux de la forêt, les *bandar-lor* de Kipling. Double avantage donc pour les chitals qui, quant à eux, sont les oreilles de la forêt.

La vision devient prépondérante à la fin de la phase d'approche. Le tigre ne quitte plus du regard la proie convoitée. Tout le corps semble se mouvoir selon un faux automatisme, chaque mouvement étant décomposé, aussi lent que précis. Le corps ramassé, le ventre près du sol, les oreilles attentives, il se glisse sans bruit. Les longs poils ou vibrisses des « chevilles » servent de senseurs tactiles : ils assurent des contacts aussi doux que précis avec le sol, ses aspérités, les cailloux, les végétaux... Arrivé à moins d'une vingtaine de mètres, le fauve se tapit, jauge la distance qu'il doit franchir en quelques bonds, aussi rapides que puissants, pour atteindre et abattre sa proie.

Les tigres ont pour habitude d'attaquer par-derrière ou par le côté. Ils se lancent et se jettent sur la proie en l'agrippant de toutes leurs griffes par la croupe ou le flanc. C'est ainsi qu'ils tentent de la déséquilibrer tout en gardant les membres postérieurs au sol. En cela, les félins se distinguent nettement des canins. Leurs griffes rétractiles ne s'usant pas lors de leurs déplacements, elles sont très acérées, d'autant qu'ils ne se privent pas de les « faire ». Ces armes redoutables sont servies par la mobilité du membre antérieur, favorisée

par une clavicule réduite et mobile. On connaît l'habileté avec laquelle ces félins usent de leurs pattes antérieures pour toucher et jouer avec des objets. Ces manipulations requièrent une vision précise. Les grands yeux rapprochés ou en façade favorisent la perception de près et une meilleure appréciation des reliefs. Les membres antérieurs plus mobiles, aux extrémités souples, armées de griffes puissantes, associées à une vision précise laissent peu de chances à une proie dès qu'elle est agrippée.

Sautant sur le dos de sa victime, le tigre porte une morsure violente dans la région du cou. La manière de l'asséner change selon la taille de la proie. L'enchaînement décrit correspond à la technique la plus habituelle pour des animaux de taille moyenne comme la plupart des cervidés, chital, sambar, cerf élaphe, ou les sangliers. Une petite bête comme un muntjac ou un singe descendu de son arbre est saisie dans la gueule et mise à terre aisément. Pour un animal plus imposant, nilgaï, buffle, gaur, éléphanteau, jeune rhinocéros, le tigre mort à la gorge et ne lâche pas prise jusqu'à sa suffocation. Une autre technique consiste à saisir la proie par le museau et à maintenir la prise jusqu'à l'étouffement. Ces pratiques sont à la fois stéréotypées – approche, affût et attaque par-derrière – et adaptées au type de proie qu'il faut terrasser.

Selon de nombreux témoignages, l'une des particularités les plus impressionnantes du tigre est son regard. La puissance qu'il dégage, d'une couleur variant du vert clair à l'ambre profond, transperce littéralement. Ma fascination pour ce félin vient certainement du premier contact visuel que j'ai eu avec un tigre sauvage. Cela m'a littéralement transporté. Depuis toutes ces années, je suis toujours aussi hypnotisé et jamais je n'ai ressenti la moindre lassitude. Sur cette image, un autre point important de la biologie du tigre est également mis en évidence : les marquages faciaux. Ce sont les empreintes digitales du félin. Aucun individu ne possède les mêmes car elles sont uniques. J'ai eu le privilège de suivre plusieurs générations et, chaque fois, j'ai recherché les liens qui pouvaient apparaître entre les mâles, les femelles et toute leur descendance. Je n'ai jamais pu constater ne serait-ce qu'une bribe de similitude. Ces marquages permettent aux Rangers et aux fonctionnaires de reconnaître les tigres qui ont été braconnés.

Les tigres mangeurs d'hommes n'opèrent pas autrement. Dans les Sandarbans, au sud du Bangladesh, là où plusieurs centaines de personnes périssent chaque année sous les crocs des tigres, les autorités locales ont eu l'idée de concevoir des masques faciaux que les gens portent sur l'arrière du crâne de façon à troubler l'approche des fauves. Difficile d'apprécier l'effet non pas dissuasif mais perturbateur de cet artifice théâtral. Quoi qu'il en soit, l'effet escompté disparaît dès qu'une personne se penche en avant pour attraper quelque chose sur le sol. L'homme devient alors animal et proie. Un tigre n'attaque pas un être humain qui arrive de face et redressé. S'il s'incline alors que le tigre le scrute par-derrière et s'il s'enfuit – on se penche en avant pour partir en courant –, c'en est fini de lui ! D'ailleurs, on ne voit jamais un dresseur de cirque se pencher.

Ces descriptions brossent le portrait d'un fauve né pour tuer, guidé par ses instincts. On naît homme, on naît tigre, on naît loup, on naît entelle, on naît chital... Les hommes, du fait de leur évolution, sont génétiquement aptes à marcher debout et à apprendre un langage. Si un « petit d'homme » comme Mowgli est abandonné des siens et élevé par des loups, alors il marchera et courra à quatre pattes, fort vite d'ailleurs. Et il aura les pires difficultés à marcher debout et à apprendre des bribes de langage. Le personnage de Mowgli s'inspire de ces nombreux « enfants-loups » connus en Inde. Parmi les plus célèbres,

Kamal et Amala, les « enfants-loups de Midnapore », deux fillettes recueillies par J. A. L. Singh et R. M. Zingg à l'automne 1920. Cette histoire s'est déroulée bien des années après la publication du *Livre de la jungle*, ce qui indique, hélas, que de tels cas n'étaient pas rares, que ce soit en Inde ou en Europe. En revanche, on ne connaît aucun cas d'enfant humain élevé par des félins. Les tigresses ne sont pas des louves !

Les jeunes tigres apprennent à chasser en accompagnant leur mère dès l'âge d'un an. Parmi tous les félins, les mères guépards sont les plus étonnantes. Elles attrapent une antilope et incitent leurs jeunes à la saisir. Ce qui est d'abord un jeu devient un acquis vital renforcé par le goût du sang et de la viande. On ne dispose pas d'observations aussi précises pour les tigres. Cependant, les mères poussent leurs jeunes à lécher le sang des proies et à les manger. Ceux-ci y prennent goût et le jeu devient savoir-faire.

Les tigres ne sont donc pas des machines préprogrammées. Ils naissent munis d'aptitudes et leurs chances de survie dépendent des compétences de leur mère. Leur adaptabilité vient de là. S'ils n'étaient que des machines innées, ils ne pourraient pas survivre dans des habitats aussi diversifiés. L'adaptabilité repose sur l'héritage d'aptitudes génétiques issues d'une histoire évolutive qui se façonnent au cours de l'ontogenèse, c'est-à-dire en réponse à l'environnement naturel comme au contexte social.

Dans le parc de Ranthambore, au Rajasthan, après plusieurs années de vie protégée, les tigres se livraient à la chasse de jour. Un tigre nommé Genghis avait pour spécialité d'attendre que sa proie s'engage dans l'eau pour bondir et la terrasser. Spectaculaire ! C'est un bel exemple de la flexibilité de ces prédateurs. Des observateurs ont vu Genghis se battre contre un crocodile pour conserver sa proie. Il est même allé jusqu'à plonger sous l'eau pour revenir avec son dû. Cet exemple montre la souplesse comportementale de ces grands fauves. Pourquoi les autres tigres n'imitent-ils pas ceux qui innovent ? Pour qu'il y ait transmission de savoir-faire, il faut impérativement une vie en groupe stable, des capacités d'empathie ou ce qu'on appelle une « théorie de l'esprit », et une longue ontogenèse, sans compter des capacités cognitives complexes. C'est ainsi que se développent les prémices des comportements culturels chez les grands singes, comme les chimpanzés et les orangs-outans. Ces conditions ne sont pas toutes réunies chez les tigres. Chez les lions, au contraire, la vie et la chasse en groupe favorisent la transmission de tactiques de chasse et parfois d'innovations. Pour autant, les capacités cognitives des tigres ne sont pas moindres que celles des lions. Ce grand félin n'est pas une machine à tuer, une bête tissée d'instinct. Lorsque les braconniers recommencèrent à sévir à Ranthambore, les tigres changèrent leurs habitudes et adoptèrent des mœurs nocturnes.

On ne peut parler du tigre sans évoquer les autres espèces présentes dans la forêt, car elles sont indispensables à sa survie. Lorsqu'on est à sa recherche, la lecture et l'interprétation de ses traces sur le sol sont importantes, mais le meilleur moyen de connaître ses déplacements consiste la plupart du temps à savoir écouter et observer les cerfs et les singes. Le tigre affectionne tout particulièrement les cerfs sambars, car ce sont de grosses proies qui lui assurent plusieurs jours de nourriture, de même pour les sangliers, bien que ces derniers puissent s'avérer très dangereux pour de jeunes tigres inexpérimentés. Pour ce qui est des chitals (l'équivalent de nos daims), leur population étant plus importante que les autres espèces, ils sont au menu des tigres du Bengale dans 80 % des cas. Ils possèdent pourtant un atout majeur. Ils forment, avec les singes entelles, une association bénéfique pour les deux parties. Les singes se nourrissant la plupart du temps dans la canopée de feuilles et de fruits qui ne sont pas à la portée des chitals, ces derniers gravitent très souvent au pied des arbres qu'affectionnent les entelles, attendant que ceux-ci, qui mangent salement, projettent au sol de nombreuses feuilles et morceaux de fruits, faisant ainsi leur bonheur. De plus, les singes, du haut de leur perchoir, sont surnommés les « yeux de la forêt ». Leur acuité visuelle leur permet de déceler les moindres mouvements inhabituels. Dès qu'un cri d'alarme retentit, les premiers prévenus sont les chitals, qui ne manquent pas de faire passer le message à toute la forêt. Les singes ont des manifestations différentes s'il s'agit d'un tigre ou d'un léopard. Pour le premier, seul un ou deux individus se mettent à crier, alors que pour le léopard, le groupe entier de singes devient hystérique. Cela s'explique facilement, ils ne craignent pas le tigre qui ne peut les atteindre. En revanche, le léopard est un chasseur puissant et agile qui grimpe aux arbres avec une rapidité et une facilité déconcertantes... représentant un danger de premier ordre pour eux. Pour l'anecdote, les espèces servant de proies sont les meilleurs indicateurs de la santé d'un écosystème. Et ces derniers temps, toutes les populations d'ongulés, de sangliers et de singes sont en évolution numérique constante ; ce qui veut dire que la régulation naturelle s'effectue moins bien et que par conséquent la population de tigres a entamé un déclin dramatique. Moins de prédateurs, plus de proies, donc une dégradation plus importante et rapide de la forêt nourricière !

Le tigre chasse d'ordinaire en solitaire et mange aussi comme tel. Il tire sa victime dans un endroit ombragé situé de préférence près de l'eau. C'est là que l'on voit la grande force de ces félins, capables de traîner des animaux de plusieurs centaines de kilogrammes. Sa façon de consommer une proie suit un ordonnancement précis : il commence par l'arrière-train, puis continue par le tronc et termine par le cou et la tête. Le nombre de repas dépend évidemment de la taille de la proie, entre une à deux journées pour un chital jusqu'à une semaine pour un grand cerf ou un nilgaï. Il peut engloutir plus de trente kilogrammes de viande le premier jour, puis poursuivre en mangeant quinze à dix-huit kilogrammes le jour suivant, jusqu'à ce qu'il ne reste que la peau et les os. Entre chaque repas, il recouvre la proie de feuilles ou de terre. Il boit fréquemment. Le régime carné produit des urées en grande quantité, ce qui exige de s'abreuver abondamment. Les tigres adoptent une position couchée pour manger comme pour boire.

Que les tigres soient des chasseurs solitaires ne fait aucun doute. Cela ne signifie pas pour autant qu'ils soient incapables de collaborer. À Ranthambore, cinq tigres, deux mâles et trois femelles, occupaient chacun un territoire entourant un grand lac. Comme ils chassaient le jour, on en a observé un rabattre une proie déambulant sur son territoire vers ses congénères, rappelant en cela les tactiques des lions. Une fois de plus, il convient de se méfier du peu d'observations disponibles comme des représentations rapidement admises. Parmi les grands singes, les orangs-outans sont réputés avoir des mœurs solitaires et des relations sociales limitées avec leurs congénères. La distribution des individus se fait aussi « en noyaux », comme chez les tigres, avec une femelle et ses jeunes sur un territoire, et un mâle dont le territoire chevauche celui de plusieurs femelles. À force d'observations

Chez les jeunes, le jeu occupe une part importante de l'activité. La vitalité qu'ils dégagent m'a très souvent procuré une joie intense. Tous les prétextes sont bons, la moindre brindille, le moindre tronc d'arbre à leur mesure se voit torturé, malaxé, déchiqueté pendant de longues minutes. Quand une portée comporte plusieurs frères et sœurs, alors les courses-poursuites sont légion et sans fin. Elles font partie d'un apprentissage qui leur permettra d'être de redoutables prédateurs une fois à l'âge adulte.

continues, les éthologues ont noté que les orangs-outans recherchaient les occasions de se retrouver, notamment entre individus apparentés. La vie apparemment asociale de ces grands singes asiatiques est dictée par la distribution de leurs ressources alimentaires, qui les oblige à se disperser. Il en va de même pour les tigres. La distribution des proies dans leurs habitats couverts ne favorise pas la chasse collective. Ne rendons pourtant pas les tigres plus sociaux qu'ils ne le sont, comme s'ils étaient aux lions ce que les chimpanzés sont aux orangs-outans. Toute analogie contient ses limites. Les singes sont sociaux et les orangs-outans font faussement exception en raison de contraintes écologiques, alors que les félins sont des solitaires, le lion faisant figure d'exception sociale. Seulement les structures et surtout les organisations sociales ne sont pas si rigides, surtout chez des espèces aux capacités cognitives aussi développées. Rappelons que dans les parcs zoologiques, les tigres s'accommodent fort bien de la vie en groupe.

On a observé plusieurs tigres adultes venant se restaurer à tour de rôle sur une même proie abattue par une femelle. C'est elle qui gérait l'accès à la carcasse, les mâles attendant complaisamment. Dans le parc de Bandhavgarh, au centre de l'Inde, un grand mâle nommé Chargeur régna sans partage pendant plus de dix ans, son territoire chevauchant celui de quatre femelles. On ne l'a jamais vu abattre une proie. En revanche, dès qu'une femelle tuait un animal, il sortait fort opportunément des fourrés pour participer au repas. Ces observations à propos des tigres dans la nature comme en captivité soulignent les interactions complexes qui se jouent entre les systèmes sociaux et les contraintes pesant sur leurs structures et leurs organisations, lesquelles sont dues aux facteurs environnementaux. Autrement dit, les facteurs environnementaux ne déterminent pas les systèmes sociaux ; elles limitent le jeu des possibles.

Anatomie d'un chasseur de proies vivantes

Le tigre est un gros chat. D'ailleurs, les félins, des chats au tigre, ne sont que des variations de taille corporelle sur un même gabarit. Seulement, un tigre qui se déploie verticalement pour faire ses griffes sur un tronc s'élève à presque trois mètres ! Cependant, l'anatomie, les comportements, l'éthologie, le régime alimentaire changent peu d'une espèce à l'autre. Parmi les carnivores, les félins regroupent trente-cinq espèces réparties presque toutes en deux genres, *Felis* et *Panthera*, autrement dit les « chats » et les « félins rugissants ». (Les autres genres concernent la panthère nébuleuse, le guépard, les caracals, les lynx ou encore les ocelots, réduits parfois à une espèce.) Les quatre espèces du genre *Panthera* – le lion, le tigre, le jaguar et la panthère ou léopard – peuvent s'avérer interféfécondes en captivité, ce qui, en passant, fait « mauvais genre » pour des espèces distinctes. Cela signifie deux choses : que les origines des félins actuels sont récentes et que leur expansion répond à un succès adaptatif qui se décline sur des variations de taille corporelle. Les différentes espèces se séparent écologiquement par la taille, laquelle est en rapport avec leurs proies de prédilection. Différences entre espèces, mais aussi éventails de taille considérable au sein de chaque espèce : de trente à cent kilogrammes chez les léopards ; de quatre-vingts à trois cents kilogrammes chez les tigres ! En Inde et ailleurs, plusieurs félins

vivent dans les mêmes communautés écologiques : des chats sauvages, des panthères et des tigres. Le principe d'exclusion écologique s'applique remarquablement. Si les proies de moyenne et de grande taille se raréfient, les tigres entrent en concurrence avec les panthères et, comme à Java, tendent à disparaître.

La taille joue un rôle considérable dans l'adaptation. L'étude de la taille et de ses conséquences adaptatives s'appelle l'*allométrie*. Il ne s'agit pas d'une discipline appartenant aux sciences naturelles, mais d'une approche analytique portant sur la morphologie, et elle est pleine d'enseignements. Il existe plusieurs types d'allométries : ontogénétique, intraspécifique et interspécifique. L'allométrie ontogénétique concerne les différences de proportions corporelles aux cours de la croissance. Chez tous les mammifères, les petits ont une tête beaucoup plus grosse par rapport au corps que les adultes. Le système nerveux central et donc le cerveau se développent très tôt, alors que cela prend plus de temps pour le corps. L'allométrie intraspécifique s'intéresse aux différences entre les sujets adultes d'une même espèce, comme entre les sexes ou dimorphisme sexuel. Quant à l'allométrie interspécifique, elle se concentre sur les différences entre les adultes d'espèces différentes. Ces distinctions recouvrent une même réalité puisque toutes ces allométries se rapportent à des courbes de croissance. D'une manière générale, les différences de taille s'associent à des adaptations qui touchent à la thermorégulation, au régime alimentaire, à la locomotion et même aux comportements. Les félins surprennent car, contrairement aux tendances adaptatives reconnues dans les autres grandes lignées de mammifères en fonction de la taille, ils se montrent plutôt conservateurs. La plupart des descriptions des paragraphes précédents et de ceux qui suivent ne surprennent pas les propriétaires de chats.

Cependant, l'effet de taille joue de façon aussi simple qu'élégante entre les différentes espèces de félins. Les chats nous émerveillent par leur aptitude à grimper avec autant d'aisance que de précision dans les arbres. Mais plus la taille augmente, plus il devient difficile de bondir aussi facilement. Les panthères y arrivent fort bien. Elles se servent de leur puissance pour hisser leurs proies dans la fourche d'un arbre. Là, elles ne sont pas importunées par les hyènes ou les lionnes – et encore moins par les lions – si on est en Afrique ou par les tigres si on est en Asie. Cette fausse « lourdeur » des grands félins s'explique facilement car, chez les animaux plus corpulents, les masses augmentent dans des proportions relativement plus grandes que les forces que peuvent développer les muscles. (Les masses croissent à la puissance 3, alors que la section des muscles qui produit la force nécessaire pour mobiliser les masses n'augmente qu'à la puissance 2.) Au cours de leur jeunesse, les tigres grimpent et sautent dans les branches, mais ces petits jeux se calment avec l'âge et le poids de l'expérience.

Entre le plus petit chat sauvage et le tigre, l'éventail des tailles corporelles va d'un kilogramme à plus de trois cents ! Pourtant, les proportions corporelles changent peu. Toutefois, le squelette devient relativement plus massif et les os robustes. Bien qu'un tigre soit très souple pour un animal de sa taille, il l'est moins qu'une panthère et bien moins qu'un chat. Il présente une morphologie plus longiligne que le lion, dont l'allure est plus ramassée. Cependant, si le tigre de Sibérie et celui du Bengale ont un corps de longueur comparable, ceux-ci sont plus massifs, ce qui évite les déperditions de

Si, pour nous, la jungle ne livre que très difficilement ses secrets, elle n'a par contre aucun secret pour les tigres. Ce grand mâle âgé de 7 ans, au moment de la prise de cette photo, l'illustre parfaitement. Non seulement, une fois déplié, il dépasse les trois mètres, mais le fait de faire ses griffes sur cet arbre n'est pas anodin. De plus près, on peut remarquer que l'écorce est littéralement lacérée de coups de griffes puissantes, entaillant le bois sur presque un centimètre de profondeur. Cet arbre Sal est un phare dans le domaine du félin, systématiquement marqué de jets d'urine et visité en fonction de ses patrouilles. Le message est clair : aucun autre tigre mâle ne doit traverser cette frontière sous peine de poursuites graves. Seules les femelles sont les bienvenues ! Quelque cinquante mètres en amont se trouve un autre arbre Sal, également lacéré et marqué de jets d'urine, et ce depuis de nombreuses années. C'est la délimitation du territoire de son frère. Même âge, même taille, même puissance, ils ne se croisent presque jamais, évitant à tout prix le conflit.

Imaginez que vous sautez par-dessus une petite rivière d'environ quatre mètres de large, comme si de rien n'était, et le tout sans prendre d'élan ! C'est ce que fait ce grand mâle sur ce kaléidoscope, répondant au doux nom de B2.
Ses mensurations et sa force sont impressionnantes. Âgé de 8 ans, il pèse au bas mot trois cents kilos et mesure plus de trois mètres du museau à la queue. Pour l'anecdote, je l'ai vu faire le même bond, mais cette fois avec un cerf de plusieurs centaines de kilos dans la gueule. J'ai eu la chance et le privilège de pouvoir suivre toute son évolution depuis sa plus tendre enfance. Il n'avait, en effet, guère plus de six mois la première fois que je l'ai vu. Sa position de dominant, il l'a acquise par la force lorsque, il y a quelques années, il s'est battu avec son oncle Chargeur, qui régnait depuis dix ans sur un grand territoire. C'est certainement le tigre qui m'a le plus fasciné. Chaque individu possède son propre caractère et le sien est particulièrement trempé. D'ailleurs, les tigres sauvages n'ont officiellement pas de nom de baptême, mais les Rangers, les guides des parcs nationaux, finissent toujours par leur donner un surnom, qui en général correspond à leur personnalité. Par exemple, Chargeur fut ainsi baptisé car il chargeait systématiquement toute Jeep où éléphant s'approchant trop près. Plus généralement, ils sont affublés de noms de divinités hindoues, telles que Laxmi, Durga, etc., mais B2 est appelé à juste titre Dhitoo qui en hindi signifie « celui qui ne recule jamais ».

chaleur en climat froid, alors que ceux-là sont plus longilignes, ce qui favorise la dissipation de chaleur dans des habitats chauds et humides. Chez ces espèces de grande taille, le poitrail est très musclé, ce qui leur donne une puissance considérable pour saisir et renverser leurs proies.

Les membres sont longs et souples. L'adaptation au saut se traduit par des membres postérieurs plus longs que les antérieurs. Les deux os de ce que nous appelons chez nous l'avant-bras – le radius et le cubitus ou ulna – et la jambe – le tibia et le péroné ou fibula – sont développés. Ces caractères permettent une grande mobilité des extrémités des membres. Chez l'homme, ces deux os restent développés dans l'avant-bras, autorisant les mouvements souples de la main ; en revanche, notre péroné ou fibula est réduit, ce qui restreint la mobilité de notre pied. Chez les chevaux et chez les bovidés, l'ulna et la fibula sont très réduites, les mouvements des sabots se limitant à des flexions et à des extensions antéro-postérieures. La mobilité des membres antérieurs est accrue grâce à une clavicule très petite rattachée au sternum par un tendon. Elle « flotte » au sein des fortes masses musculaires des épaules, ou ceinture scapulaire. Les épaules jouissent d'une mobilité indépendante. Les tigres sont digitigrades. Les pattes arrière contiennent quatre doigts et il y en a cinq à chaque patte avant. Le gros orteil ou hallux a disparu alors que le « pouce » ou pollex a régressé. Ce dernier ne touche pas le sol lors de la marche ou de la course. Les pattes laissent des empreintes caractéristiques composées de quatre dépressions dues à chaque doigt, puis une grande dépression centrale correspondant à la pelote centrale. Celles des pattes antérieures sont plus grandes. Les empreintes ont évidemment des dimensions plus importantes chez les mâles. Les naturalistes arrivent à distinguer les mâles des femelles par les empreintes de leurs pattes postérieures, qui s'inscrivent dans un carré alors que celles des femelles sont plus longues que larges.

Les doigts renferment des griffes rétractiles. C'est un caractère fort ancien hérité des lointains ancêtres des félins, les miacoïdes, qui vivaient dans les arbres il y a plus de trente millions d'années. Un autre caractère particulier est la fusion de plusieurs os du poignet – deux scaphoïdes et le lunaire – qui forment l'os scapholunaire. Cette adaptation permet des flexions plus puissantes de la patte avant.

La robe comprend plusieurs types de poils. Les jarres sont des poils longs et assez raides ; les bourres sont fins et courts, très abondants et sujets à des mues discrètes. Chez les tigres de Sibérie, la robe prend son port d'hiver en étant plus épaisse, d'un aspect hirsute, et plus claire. Elle redevient plus rousse pour l'été. Selon les populations, de longs poils blancs composent une sorte de collier. Le pelage se compose aussi de poils blancs sous tout le corps, depuis le menton jusqu'au bout de la queue. La disposition des rayures noires des joues et du front distingue chaque individu, comme nos empreintes digitales. Les rayures varient en nombre et en épaisseur selon les populations et d'un individu à l'autre. Leur dessin change aussi d'un flanc à l'autre. Elles peuvent être minces, larges, se dédoubler, se briser en taches, etc. Il n'existe apparemment pas de disposition propre au sexe.

Comme chez tous les mammifères, on trouve des tigres albinos : ils ont une robe claire, dépourvue de bandes et des yeux rouges. Plus surprenants, plus beaux et très prisés par les parcs zoologiques, les tigres blancs. Leur robe de couleur crème est zébrée de rayures marron foncé et leurs yeux sont bleu de glace. De tels spécimens sont signalés vers la fin du XIXe siècle. Actuellement, tous les tigres blancs descendent d'un mâle nommé Mohan capturé en Inde centrale par le maharajah de Rewa en 1951. Il s'est reproduit avec une femelle « normale » qui a donné une portée de chatons « normaux ». Le maharajah l'a fait se reproduire avec une de ses filles qui a accouché de la première portée de tigres blancs. En provoquant d'autres croisements consanguins entre ces générations fondatrices, les hommes ont réussi à créer plusieurs lignées de tigres blancs qui font le succès des zoos. Leur allure si magnifique est due à un gène récessif.

L'existence de tigres noirs est plus incertaine. Il existe des légendes, mais il faut attendre 1993 pour que des policiers confisquent à des trafiquants une peau de tigre noir. Il ne s'agit en aucun cas du mélanisme si bien connu chez les panthères noires, mais d'un gène récessif qui fait s'élargir les bandes. En réalité, c'est le dos et les flancs de la robe qui sont noirs, alors que les bandes se reforment et s'amincissent au niveau du ventre.

Le corps du tigre se prolonge par une longue queue. Vu la corpulence de cet animal, elle ne peut servir de balancier lors de la course ou des sauts comme chez les félins plus graciles. Elle intervient dans les relations sociales. Redressée et agitée de petits mouvements, elle sert à saluer un congénère. Rabattue vers le sol, elle trahit la défensive. Abaissée et secouée de battements nerveux, elle indique la colère. Quant à tenir un tigre par la queue...

Les vibrisses, longs poils sensoriels, se distribuent en quatre rangées au niveau de la lèvre supérieure pour former de grandes « moustaches ». D'autres se trouvent au-dessus des yeux, d'autres encore sur les « chevilles ». Elles offrent au tigre une perception tactile très fine de tout ce qui frotte son corps.

La peau contient différents types de glandes. Certaines se concentrent au niveau du menton et de la région anale, dont les sécrétions servent de marqueur individuel. Les tigres, comme les chats, frottent volontiers leur museau sur des objets ou des partenaires, laissant leur empreinte. Les déjections d'urine mêlées aux sécrétions des glandes anales projetées sur des arbres, des arbustes ou des pierres servent à marquer les limites d'un territoire, à indiquer aux autres sa présence ou son état physiologique, comme chez les femelles en œstrus.

Comme tous les félins, le tigre a une face courte et large. Le museau étant moins projeté vers l'avant, le sens de l'odorat se révèle moins sensible que chez les canidés, bien que les cornets de la cavité nasale soient très étendus et le bulbe olfactif du cerveau fort développé. Le sens de l'odorat sert plus dans les interactions sociales que pour la chasse. Il s'avère même crucial pour sentir les sécrétions déposées par les autres tigres. La langue, râpeuse, n'est pas particulièrement grande. Elle porte des papilles cornées orientées vers l'arrière ce qui facilite l'ingestion de la nourriture et de l'eau dans la bouche et permet un toilettage plus efficace.

Le larynx des tigres comme de tous les félins du genre *Panthera* est mobile. Le défaut d'ossification de l'appareil suspenseur permet aux tigres comme aux lions, aux panthères et aux jaguars de rugir. L'os hyoïde n'est ossifié que dans sa partie centrale. Ses parties périphériques sont souples et, en association avec les replis cornés du larynx, cela

permet de produire des rugissements puissants qui peuvent s'entendre jusqu'à trois kilomètres. De tels rugissements s'entendent quand un tigre a abattu une proie, pour prévenir ses congénères ou, chez les femelles en œstrus, pour appeler un mâle.

Les tigres usent de toute une gamme de communications sonores selon le contexte. En signe amical, ils lâchent une sorte de « ouf » nasal qui est produit par un renâclement venant du larynx. S'ils sont importunés, ils grognent, grondent et émettent un curieux sifflement. En présence d'une femelle en œstrus, les mâles poussent un grognement sourd, presque plaintif, langoureux et long en gardant la bouche fermée. Plus étonnant, le son bref et sec livré au moment d'abattre une proie, son qui évoque celui des sambars qui appellent leurs congénères.

Comme chez tous les félins, les yeux des tigres fascinent. Grands et ronds, ils nous fixent avec une pupille circulaire plus ou moins ouverte, entourée d'un bel anneau couleur vert d'eau. Le noyau sombre de la pupille se rétrécit dans les moments d'apaisement. Il se dilate pour menacer et dire la colère. Il s'agrandit aussi pour laisser entrer plus de lumière dans l'obscurité de la nuit. Les rayons lumineux sont amplifiés par un tapis réfléchissant, le *tapetum lucidum*, de telle sorte que la vision nocturne est cinq à six fois plus performante que la nôtre. Cette capacité à voir la nuit frustre un peu les hommes et on considère trop souvent que c'est une adaptation des carnivores. Il en va autrement de l'évolution de ce caractère. En fait, les ancêtres des mammifères qui vivaient à l'époque des dinosaures avaient des mœurs nocturnes. Avoir conservé un *tapetum lucidum* comme la plupart des lignées de mammifères actuels n'a donc rien de surprenant. C'est sa perte qui s'avère plutôt rare et c'est bien le cas

dans la lignée des singes, qui ont adopté des mœurs diurnes depuis environ trente-cinq millions d'années. Cependant, on ne peut pas tout avoir. Si les yeux des tigres possèdent six fois plus de bâtonnets que les nôtres, ils ont beaucoup moins de cônes et perçoivent mal les couleurs et leurs nuances. Les tigres voient le monde essentiellement en vert, avec des nuances autour du bleu et du gris. Si un animal dont la robe décline de tels coloris s'immobilise sur un fond végétal uniforme et sombre, le tigre le perçoit difficilement.

Ce qui nous trouble aussi chez les félins, c'est l'aspect scrutateur de leur regard. Cela provient de leurs yeux relativement rapprochés et disposés plus en façade que chez les autres animaux, si on met de côté les singes, qui sont semblables à nous à cet égard. Un tel arrangement favorise une meilleure vision de près et une excellente appréciation des reliefs. Cet appareil visuel explique la précision et l'habileté de ces félins lorsqu'ils s'amusent avec des objets ou un pauvre animal tombé entre leurs pattes, sans oublier l'action aussi vive, mortelle et précise de leurs griffes.

Les oreilles ont une belle forme arrondie. Disposées de part et d'autre du sommet du crâne, elles s'ouvrent vers l'avant et sensiblement sur le côté. Leur mobilité indépendante permet de détecter des sources sonores et, si le bruit est provoqué par le déplacement d'un animal, de le suivre sans bouger la tête. L'ouïe s'avère très fine. Lorsque le tigre est attentif ou en alerte, les oreilles sont redressées et orientées vers l'avant ; de même avant de bondir sur une proie. Si elles sont rabattues vers l'arrière avec un regard fixe, pupilles dilatées et la bouche entrouverte pour montrer les crocs, alors c'est l'angoisse, la colère ou la menace. Si l'animal pivote, deux taches blanches apparaissent, ce qui accentue l'effet de mise en garde.

Comme tous les carnivores, le tigre jouit d'un cerveau relativement développé. C'est là une règle bien connue dans les communautés écologiques : on l'appelle loi de Jerrison. On constate en effet que, dans toute communauté écologique, les carnivores ont des cerveaux relativement plus grands que les herbivores. On comprend sans peine qu'il faille des capacités cognitives plus élaborées pour capturer des proies que pour courir après des végétaux. Pour autant, il serait erroné d'imaginer que des espèces dont le régime repose principalement sur des ressources végétales se retrouvent avec des cerveaux relativement diminués par rapport aux carnivores. Les singes – dont les hommes – sont les plus encéphalisés des mammifères. En réalité, la taille du cerveau – prise comme mesure grossière des capacités cognitives – est plus directement liée à la quête de nourritures dispersées dans le temps et dans l'espace, le plus souvent sur de vastes territoires, et avec des techniques d'approche et de collecte parfois complexes. Tout cela est nécessairement lié à des régimes alimentaires composés de nourriture de très bonne qualité nutritive, comme la viande. C'est bien le cas des tigres.

Grâce à une face peu projetée vers l'avant, les canines possèdent un bras de levier relativement court par rapport à l'axe des articulations de la mandibule, celle-ci étant actionnée par des muscles masticateurs très puissants. Même si ces canines sont bien moins développées que chez les « tigres à dents de sabre », une fois qu'elles sont plantées dans la chair, la force de morsure assure une prise redoutable, notamment grâce à un muscle temporal très développé, dont l'architecture en éventail permet de produire une action

puissante, même la gueule largement ouverte. Rien à voir avec la force de morsure de ces grands reptiles que sont les crocodiles, qui effraie tant le spectateur ! Même si une morsure de crocodile fait mal et même très mal, il est facile de lui faire ouvrir la gueule pour qu'il lâche prise. Un museau très long ne permet pas d'assurer une morsure forte et résistante. Le citadin peu au fait de biomécanique masticatoire se doute qu'il vaut mieux se faire mordre par un lévrier que par un bull-terrier ! La forte taille des muscles temporaux des tigres, comme celle des muscles de la joue participent de la grande largeur du crâne des félins, bien que l'arcade zygomatique soit peu développée. Les muscles temporaux, toujours eux, sont si imposants que la boîte crânienne porte une forte crête osseuse appelée cimier qui offre ainsi une large surface d'insertion. L'articulation de la mandibule sous le crâne forme une sorte de gouttière transversale robuste qui n'admet que des mouvements verticaux. L'acte de morsure est aussi fort que précis.

La denture adulte des félins est assez simplifiée. Elle se compose de trente dents. Pour une demi-arcade dentaire inférieure ou mandibulaire, on trouve : trois incisives, une canine, deux prémolaires et une molaire ; pour une demi-arcade dentaire supérieure ou maxillaire on décompte : trois incisives, une canine, trois prémolaires et une molaire. Les incisives sont courtes, épointées et écartées les unes des autres. Les canines sont incurvées, robustes, de section ovale aplatie transversalement – on dit bucco-lingualement – et solidement implantées par des racines parfois plus longues que la couronne. Les prémolaires sont réduites, aplaties latéralement et tranchantes. Une exception notable avec la dernière prémolaire supérieure, très longue et tranchante, qui s'articule avec la première molaire inférieure également très acérée : ce sont les carnassières. Elles servent à trancher la viande et les tendons.

Parmi tous les carnivores, dont la caractéristique est justement d'avoir ce couple de carnassières, les félins semblent les plus adaptés à la prédation de proies vivantes. Ils n'utilisent leurs canines que pour tuer et leurs carnassières que pour déchiqueter les chairs. Les autres dents servent peu. Ils diffèrent en cela des hyènes, une famille proche des félidés, dont les prémolaires robustes permettent de briser les os. En Inde, ce rôle de charognard est dévolu aux ours et aux chiens sauvages ou dholes. Les ursidés comme les canidés composent l'autre grand groupe de grands carnivores proches des félidés et des hyénidés ayant conservé des dentures plus complexes en accord avec des régimes plus omnivores. Il arrive qu'un tigre affronte un ours ou des dholes pour une carcasse. Les ours n'hésitent pas à se battre contre une tigresse, mais évitent les mâles. Quant aux dholes, le nombre et l'intelligence font la force : ils peuvent traquer et tuer un tigre.

Ce petit panorama des grands carnivores nous offre l'occasion de régler leur compte à certains clichés aussi tenaces qu'erronés. Du côté des faunes africaines, on présente les lions comme de magnifiques prédateurs et les hyènes comme des charognards puants. En réalité, les hyènes chassent aussi bien que les lions et ces derniers apprécient tout autant les charognes. La différence se fait sur la consommation des carcasses. Les hyènes possèdent des mâchoires assez puissantes munies de prémolaires robustes pour briser les gros os et jouissent d'un équipement enzymatique qui tolère des viandes putrides. Pour enfoncer encore plus ces faux clichés entre les nobles prédateurs et les vils charognards, rappelons que les premiers hommes d'y il a plus de deux millions d'années en Afrique, les

Homo habilis, étaient avant tout d'habiles charognards qui s'arrangeaient pour débiter des morceaux de carcasse de grands herbivores à l'aide de leurs outils en silex aussi simples que tranchants. *Homo sapiens* moderne qui achète sa viande au rayon boucherie est un charognard qui, comme *Homo habilis*, doit veiller à la fraîcheur du morceau choisi. Si repérer et abattre une proie exige autant d'habileté que de compétence, la conserver et la consommer n'ont rien de facile. Les carnivores commencent le plus souvent par le ventre et les viscères, puis continuent par des parties plus résistantes : il faut tirer, déchirer, secouer pour arracher alors des lambeaux de chair. Quant à accéder à la moelle des os ou à l'intérieur de la boîte crânienne, seuls quelques prédateurs aux mâchoires solides y parviennent. C'est donc en ce sens que les félins et notamment les tigres sont des prédateurs de proies vivantes. Ils refusent une viande trop avancée. S'ils trouvent un animal mort, ils ne vont pas se priver à condition que la viande soit assez fraîche. De même, ils n'hésiteront pas à convoiter une proie abattue par une panthère ou un ours, voire à dévorer ces derniers. C'est une autre affaire avec les loups et les dholes.

L'irrégularité de leurs prises se reflète dans l'anatomie du système digestif, dont l'estomac représente à lui seul un tiers de l'ensemble. C'est un estomac « de festin et de misère » capable d'absorber plusieurs dizaines de kilogrammes de viande en un seul repas. Quant au reste de l'appareil digestif, il est fort simple puisque la viande se digère facilement.

Le métier de grand prédateur n'est pas facile. La puissance, la vélocité et la beauté de ces magnifiques félins nous font oublier leur fragilité. Attraper et abattre une proie n'est pas simple. Une tentative sur vingt à peine réussit ! Et puis, il y a les risques du métier. Si le tigre ramasse un coup de sabot dans la mâchoire et qu'elle se brise, il mourra. Tout seigneur dépend des autres.

Une vie de tigre

Tout commence par des amours rugissants. Quand une femelle est en œstrus, elle fait tout pour attirer des mâles. Cette période de réceptivité sexuelle étant courte, moins de dix jours, l'affaire ne doit pas traîner. Des rugissements interpellent les géniteurs potentiels, alors que des dépôts d'urine renseignent sur son état attractif. Quand un mâle sent les urines, il prend une attitude qui nous semble amusante, respirant à fond les phéromones des urines de la femelle. Pour cela, il lève la tête, ouvre la bouche et laisse les effluves pénétrer et exciter ses sens grâce à l'organe de Jacobson, logé dans le palais. À observer un mâle dans ces attitudes, la face à la fois détendue et grimaçante, et si on se laisse aller à une petite digression anthropomorphique, on ne peut s'empêcher de penser qu'il a l'air un peu ridicule mais heureux. À vrai dire, comme tous les mâles en proie au désir.

La femelle ayant tout fait pour qu'un mâle vienne à elle se montre étonnamment farouche à son approche, tout en restant provocante. Elle émet des sons plaintifs, de longs grognements sourds et lancinants qui durent près d'une minute. Les deux partenaires engagent alors des jeux qui mêlent des attitudes faussement agressives avec force rapprochements et reculades presque effarouchées. Les relations sont simples avec un mâle résident solidement installé sur un territoire qui couvre celui de plusieurs femelles. Les

Réussir à voir un tigre est chose compliquée en soi, la forêt dans laquelle il évolue étant souvent dense et inaccessible. Le voir chasser relève alors du miracle. Certains de mes amis vivant sur place et parcourant quotidiennement la jungle n'ont en moyenne que deux à trois occasions par an ! Quand cela se déroule devant vos yeux, vous avez les jambes qui flanchent tellement la peur de « rater » ces images tant convoitées vous accable. Ce jour-là, ce fut mon jour de chance, et tout ne fut que pure coïncidence. Ayant décidé de patrouiller une zone éloignée alors que l'action devait théoriquement se dérouler en un tout autre lieu, j'arrêtai ma Jeep pour faire une pause, juste admirer le paysage et écouter les bruits de la forêt. J'étais à la lisière d'une forêt que contourne une immense plaine herbeuse, parsemée çà et là d'arbres centenaires et toujours fréquentée par de très nombreux herbivores et oiseaux en tout genre. Tout à coup, de très nombreux cris d'alarme de chitals se firent entendre juste en face de moi. En règle générale, une telle frénésie indique forcément la présence d'un prédateur, mais le voir n'est pas toujours évident. Ma voiture était entourée de cerfs sur leurs gardes, mais à ce moment aucun d'entre eux ne savait d'où la menace surgirait... C'est alors qu'un superbe mâle émergea des hautes herbes à seulement quelques mètres de moi, tout d'abord un peu déconcerté par tant d'agitation. Très vite il se verrouilla, tel un missile, sur une femelle chital et engagea une course d'une puissance phénoménale, couvrant cinquante mètres en seulement quelques bonds, pour se jeter sur sa proie et lui briser la nuque. Le tout se déroula en à peine trente secondes !

partenaires n'en sont pas à leur première relation sexuelle. Quand la femelle est disposée, elle se couche à terre, soulève la croupe, déplace la queue sur le côté et laisse le mâle la couvrir. Celui-ci saisit sa compagne par la peau de la nuque, ce qui lui permet de la maîtriser tout en se rassurant. Ils peuvent avoir plus d'une centaine de copulations en deux jours. Ces rapports sont courts – quelques dizaines de secondes – et interrompus par la femelle qui se retourne violemment vers son partenaire, comme pour le mordre. Selon nos mœurs humaines, faire l'amour à une tigresse n'est pas simple. La fréquence de ces accouplements est liée au fait que c'est le coït qui déclenche l'ovulation, ce qui n'est pas le cas dans d'autres espèces, comme chez les hommes. Pour soutenir ses assiduités, le pénis repose sur une tige cartilagineuse appelée *bacculum*. Peu d'espèces se distinguent par des mâles dépourvus de cet « os pénien » : les hommes et les chimpanzés bonobos, appelés aussi « singes Kamasutra ». Il en va de même chez les femelles où le clitoris contient aussi une tigelle cartilagineuse. Chez les hyènes, le groupe le plus proche des félins, les femelles ont un clitoris parfois aussi développé que le pénis des mâles. Il apparaît évident que les phéromones déclenchent ces frénésies copulatoires. Peut-on pour autant parler de plaisir ? Les rugissements qui accompagnent les coïts sont impressionnants et les réactions des femelles parfois violentes. Il est possible que les barbillons orientés vers le bas du pénis stimulent les sensations, mais ils peuvent aussi irriter. On ne sait. Tout cela n'est peut-être pas si

bestial ! Car, après quelques journées à ce haut régime copulatoire, le mâle montre des signes d'épuisement alors que la femelle continue à le solliciter. Pendant tout ce temps, ils ne se quittent pas, restant allongés l'un à proximité de l'autre entre deux rapports sexuels.

Ces relations sont plus tendues lorsque le mâle est arrivé depuis peu dans les parages. Ce doit être aussi le cas entre des individus des deux sexes installés dans des régions plus périphériques et s'efforçant de conserver des territoires plus disputés, des individus vivant dans des conditions de vie moins stables, plus jeunes et moins expérimentés.

Il n'y a pas vraiment de saison des amours pour les tigres vivant autour de la bande des tropiques, là où les différences entre les saisons et donc les ressources en proies varient peu, bien que la fréquence des accouplements s'avère plus soutenue de novembre à avril. Il en va autrement pour les populations installées sous des latitudes plus septentrionales, comme pour les tigres de Sibérie. Les accouplements ont surtout lieu en hiver et les naissances au printemps ou au tout début de l'été. Le fait que des périodes de reproduction apparaissent chez des populations d'une espèce installées dans des régions sujettes à des variations saisonnières plus marquées se retrouve chez d'autres espèces, comme les macaques.

La gestation dure de 93 à 114 jours avec une moyenne située autour de 103 jours, soit environ trois mois et demi. Le développement de l'œuf puis de l'embryon se fait continûment dès la fécondation. La femelle met bas une portée de deux à cinq chatons en moyenne. Ils sont de petite taille, entre 1 et 1,5 kilogramme, et fragiles. Ils ont les yeux fermés, le corps dépourvu de poils, alors que leurs mouvements sont désordonnés. C'est là une caractéristique des espèces qui peuvent se reproduire rapidement. Le rapport de taille entre la naissance et l'âge adulte est d'environ 1/200, pour 1/20 chez l'homme !

Les chatons ont une croissance rapide, grâce à leur mère qui les allaite avec ses quatre paires de mamelles d'où sort un lait riche en protéines et en graisses. Ils commencent à ramper, à sauter et à jouer dès l'âge d'un mois. Ils restent dans la tanière pendant les premières semaines, puis s'aventurent prudemment alentour. Ces tanières, véritables refuges, se trouvent dans des grottes, de grandes aspérités de roche ou des troncs d'arbre creux situés dans des recoins de forêt peu accessibles. En cas de danger, leur mère les change de place en les transportant délicatement dans sa gueule. Au cours de cette prime enfance, presque un chaton sur deux trouve la mort. Leur survie dépend de leur constitution, des autres prédateurs, du passage de mâles hostiles et surtout des compétences de la mère. Plus celle-ci est âgée et expérimentée, plus elle assure le devenir de sa progéniture. Les chatons survivants entament leur jeunesse. Sevrés autour de huit mois, ils accompagnent leur mère qui va leur apprendre à connaître leur habitat et à chasser. À peine un jeune sur trois arrive à cet âge. Ils commencent à chasser seuls à partir d'un an, sans pour autant s'éloigner de la protection maternelle.

L'émancipation s'affirme entre dix-huit et vingt-huit mois. Les jeunes femelles sont poussées à partir par leur mère. Certaines filles arrivent à conquérir un territoire proche de celui de leur génitrice. Quant au jeune mâle, il comprend qu'il vaut mieux prendre de la distance avec le mâle dominant du lieu, même si c'est son père, la pression étant plus forte avec un adulte qui n'est pas son géniteur.

Chez les félins, les attitudes de douceur sont souvent légion, notamment chez une femelle avec ses jeunes. Rares sont les manifestations agressives, sauf bien sûr lors de combats territoriaux. Cependant, lors d'un accouplement, la morphologie anatomique de l'appareil génital de la tigresse et la forme du pénis du mâle sont tels que cet acte se transforme presque en prédation. Pendant plusieurs jours, en règle générale deux à trois, les deux tigres ne se quittent plus, le mâle répondant immédiatement aux attentes de la femelle, de nombreuses fois par jour, sans se nourrir. Cela prend la forme d'un marathon avec, comme seule finalité, la survie de l'espèce. L'acte en lui-même est très rapide, de l'ordre de quelques dizaines de secondes et la douleur est telle que la femelle opère une volte-face

toutes griffes dehors en rugissant. Pour se protéger, le mâle n'a qu'une seule option : effectuer un puissant bond arrière. C'est exactement ce qui se passe sur cette image. Suite à cette douceur agressive, quelque trois mois plus tard, le carnet rose fut de quatre jeunes !

Dans le parc de Bandhavgarh du Madhya Pradesh, au centre de l'Inde, vivait une femelle nommée Sita. Elle eut cinq portées entre 1987 et 1997, du célèbre Chargeur et d'un autre mal, Banka. Sur les dix-huit chatons venus au monde, sept survécurent. Parmi eux, un jeune mâle fut tué par son père pour avoir voulu prendre sa place. Un autre fut emporté par les flots de la mousson. Une jeune femelle perdit la vue, puis la vie à cause d'une malformation. En mai 1996, Sita perdit d'un coup sa portée de trois chatons. Dix jours plus tard, elle s'accoupla de nouveau avec Chargeur.

Les jeunes ayant quitté le giron maternel, la femelle connaît à nouveau un œstrus, et il en va ainsi avec une portée tous les deux ou trois ans. Les jeunes femelles atteignent la maturité sexuelle entre trois et quatre ans ; pour les mâles, c'est un peu plus tardif, entre trois et six ans. Ainsi va la vie des tigres, dont la longévité est soumise à bien des aléas, depuis l'état fragile de la naissance en passant par toutes les vicissitudes qu'impose une position écologique ouverte à tous les risques.

Lorsqu'on est photographe animalier, le quotidien se traduit par la recherche constante d'images insolites et extraordinaires. Cette photo en est la preuve. Connaître l'habitat et le comportement de son sujet est primordial, mais souvent le résultat n'est que chance et hasard combinés.

À l'aube, mon chauffeur et moi étions à la recherche d'une tigresse, surnommée Sita Bachi et de ses quatre petits. Le contact avec une femelle et ses jeunes en bas âge est une perle pour la réalisation d'images, mais les occasions sont rares et quelquefois dangereuses. En effet, tant que les jeunes n'ont pas pris leur indépendance, leur mère les protège contre tout ce qui se présente, hostile ou non. Soudain, juste devant notre Jeep, deux jeunes tigres âgés de 5 mois à peine et suivis de près par deux autres traversèrent la piste pour se réfugier dans la forêt protectrice. Le fait seul de cette vision est déjà exceptionnel, mais la question était de savoir si leur mère se trouvait devant eux ou derrière. La réponse ne se fit pas attendre : en une fraction de seconde, elle émergea d'un mur de bambous se situant à quelques mètres de nous, nous chargeant furieusement et bruyamment. J'avais essayé d'anticiper sa venue, mais qu'elle se trouve si près était inespéré. Elle s'approche tellement que je n'étais plus en mesure de faire la mise au point de mon objectif, et sur la dizaine de clichés que j'ai pris, seule cette image est réussie, bien au-delà de mes espérances. En passant devant notre Jeep, elle chargea une deuxième fois en mettant ses pattes sur notre capot, s'éloigna de quelques mètres et quand elle fut convaincue que ses jeunes étaient en sécurité, pour la forme elle nous chargea une toute dernière fois, avant de disparaître dans la forêt. Cette rencontre fut extrêmement rapide, bruyante et terrifiante, et même après huit années à photographier des félins, elle reste la plus mémorable.

6. Sur les traces d'un seigneur inconnu

Le tigre représente l'archétype du prédateur né pour tuer, mû par des instincts sanguinaires. En Occident, le postulat de l'animal-machine entretient cette absurdité, d'autant que l'éthologie française reste marquée par la césure homme/animal et le recours systématique à la notion d'instinct. Comment expliquer dans ces conditions que des tigres nés en captivité ou récupérés de trafics sordides et élevés par des hommes n'arrivent pas à chasser ? Tout simplement parce que les tigres, comme les autres prédateurs, apprennent leur métier de chasseur.
Les félins, chats, lynx, panthères, léopards, jaguars, guépards, ocelot, chats, etc. sont réputés être des chasseurs solitaires. Seuls les lions sont vraiment sociaux à cet égard. Les tigres sont réputés solitaires ; néanmoins, on a pu les observer coordonnant leurs actions pour attraper une proie.
Si on s'en tient au niveau de l'espèce et donc d'une comparaison entre espèces, les tigres ont des systèmes sociaux plutôt archaïques : les femelles et leurs petits occupent un territoire farouchement défendu ; les mâles ont des territoires plus vastes et recouvrant ceux de plusieurs femelles. Cette disposition dite en noyau permet aux femelles d'assurer leurs besoins en proie, si conséquents. Elles sont gestantes, elles allaitent, ou bien elles doivent partager avec les jeunes encore à leurs côtés. Les mâles doivent aussi assurer leurs besoins nutritifs tout en assurant leur accès aux femelles lorsqu'elles sont fécondables.

La compétition entre les mâles

Le dimorphisme sexuel exprime le degré de compétition entre des mâles qui s'efforcent de conserver un accès exclusif auprès de plusieurs femelles. Les études comparées entre espèces, parmi les singes, les bovidés, les carnivores, etc. ou d'autres lignées de mammifères ou d'oiseaux montrent que plus un mâle tente d'empêcher l'accès des autres à un grand nombre de femelles, plus il doit être puissant et dissuasif pour écarter les prétendants. Chez les carnivores, le dimorphisme sexuel s'exprime au niveau de la taille corporelle, comme chez les tigres mâles, qui peuvent avoir jusqu'à deux fois la taille des femelles. Chez les singes, cela se traduit aussi au niveau de la taille corporelle comme des canines. Chez les cervidés, on retrouve aussi de fortes différences de taille, sans compter des attributs supplémentaires comme les bois.

Lors de notre voyage, François a observé deux mâles, un père et son fils, copulant avec la même femelle, scène exceptionnelle à deux égards. Tout d'abord, parce que le père n'avait apparemment pas rejeté son fils de son territoire ; d'autre part, par la tolérance que ces mâles montraient l'un envers l'autre. Les cinéastes surprennent parfois des scènes qui

ébranlent les grands schémas éthologiques courants. Toute la difficulté de l'éthologie comparée est précisément de distinguer la règle et l'exception, l'anecdote presque, qui ne cadre pas toujours parfaitement avec la théorie. Ces deux mâles vivaient-ils ensemble, ce qui leur permettait d'écarter les autres ? Ou s'agissait-il d'une circonstance exceptionnelle impliquant une tolérance évidente ? Dans ce cas, les liens filiaux jouent un rôle considérable et on peut s'attendre à ce qu'il en soit ainsi aussi entre deux frères. Mais nous manquons d'observations à cet égard.

La compétition entre les mâles pèse sur leurs chances de survie. Comme il en naît en moyenne autant que de femelles et qu'un mâle s'approprie plusieurs femelles, l'émulation est forte et donc la mortalité aussi. Ce qu'on appelle le ratio sexuel décrit, pour les populations d'une espèce, le nombre de sujets mâles adultes rapporté au nombre de femelles adultes. On ne dispose pas de données précises pour ce paramètre chez les tigres, car il est très difficile d'établir la démographie des différentes populations, il peut être estimé à 1 pour 4.

On connaît assez mal la durée de vie d'un tigre mâle. Lorsqu'il quitte le territoire de sa mère, le jeune a des soucis à se faire. Afin de s'établir, il doit traverser les territoires d'autres mâles forcément très hostiles, sans oublier les femelles qui, si elles ont des petits à protéger, se révèlent très dangereuses. Plus de la moitié des mâles ne franchissent pas cette étape. Pour ceux qui atteignent la force de l'âge, arrive le moment de disputer le territoire d'un mâle résidant. Les confrontations sont d'une effroyable violence et conduisent le plus souvent à la mort de l'un des protagonistes. Si c'est le prétendant qui échoue, les choses s'arrêtent là. S'il gagne, alors la forêt retentit vite d'autres rugissements, ceux des

Un proverbe hindou résume clairement cette image. Il dit : « Un tigre peut à tout moment disparaître derrière une feuille ou une brindille. » Sa taille impressionnante et les dessins de sa fourrure en font un animal des plus voyants. Dans son contexte naturel, ces atouts sont d'une remarquable efficacité. Il se fond littéralement dans le décor, ne faisant plus qu'un avec son environnement. Ce jeune tigre d'environ 8 mois a été habitué à la présence des éléphants depuis son plus jeune âge. Quand ils sont en sécurité dans le giron maternel, lui et ses frères sont très à l'aise, évoluant à découvert. Un jeu favori consiste à tenter d'attraper la queue d'un éléphant, ce que ce dernier apprécie moyennement, surtout quand il s'agit de tigres plus âgés. Mais à la seconde où leur mère s'éloigne pour chasser, les laissant derrière elle, vu leur jeune âge, ils disparaissent littéralement du paysage en une fraction de seconde. Les retrouver, même sachant à peu près où ils se trouvent, est une gageure.

combats entre le nouveau venu et les femelles qui protègent leurs jeunes. Car le vainqueur cherche alors à tuer les jeunes non sevrés. Une fois qu'ils sont morts, en effet, les femelles cessent d'allaiter et redeviennent rapidement fécondables.

Ce type de comportement infanticide se retrouve aussi chez de nombreuses espèces, comme les singes entelles, les gorilles ou encore les lions, pour ne citer que quelques exemples. Il ne s'agit donc pas, pour les tigres d'un comportement aberrant, et la morale n'a rien à y faire. On comprend en effet que la sélection sexuelle ait, dans ce cas, retenu de tels comportements, puisque les mâles infanticides ont plus de chances de se reproduire. Sans qu'ils en aient conscience, ils sont avantagés car, au total, leurs chances de se reproduire sont minces : les femelles n'étant fécondables que tous les deux ou trois ans, il leur faut tenir la suprématie plus de temps. On le voit, de fortes pressions de sélection pèsent sur les mâles, coincés en quelque sorte entre la compétition entre eux, une espérance de vie assez courte et des femelles fécondes de loin en loin.

Bien évidemment, nous ne pouvons que nous émouvoir de tels comportements agressifs. Pour nous autres humains, comment comprendre que des femelles qui ont vu leurs petits exterminés par le nouveau mâle dominant, souvent après des combats furieux dans lesquels elles ont été elles-mêmes sévèrement blessée, acceptent de s'accoupler avec l'intrus ? N'y voyons pas du cynisme, trait proprement humain. Songeons plutôt que les femelles ont intérêt à favoriser un mâle puissant capable de les protéger. Plus celui-ci tiendra longtemps son territoire, plus elles auront de chances de voir leurs petits grandir sous sa protection. Car si les tigres ne participent pas à l'éducation des jeunes, il n'est pas rare de voir un géniteur en compagnie d'une femelle et de ses petits. En famille en quelque sorte.

D'ailleurs, les grands parcs qui ont vu avec succès leurs populations de tigres se recomposer étaient aussi le domaine de grand mâles capables d'assurer leur suprématie pendant de longues années. Évidemment, les choses devraient être moins faciles pour leurs fils, qui seront invités à déguerpir à la fin de l'adolescence, et encore moins pour les autres mâles.

Le jeu des femelles

L'autre grande composante de la sélection sexuelle concerne le choix des femelles. La lourde charge d'élever des jeunes et le nombre nécessairement limité de leurs gestations au cours de leur vie pèsent sur leur succès reproducteur. Aussi ne se laissent-elles pas dominer sans réaction par n'importe quel mâle, si puissant soit-il. Elles ont toujours la possibilité de fuir.

Les tigres semblent faire montre d'un certain esprit de famille. Il n'est pas rare de voir un groupe réunissant une femelle, ses jeunes, mais aussi le mâle géniteur ou plus rarement, des femelles adultes et des jeunes. Les femelles apparentées maintiennent d'ailleurs souvent des relations de voisinage. Elles occupent fréquemment des territoires contigus. Les mères aident-elles leurs filles à s'installer à proximité ? Deux sœurs agissent-elles de façon à conserver des contacts ? L'éthologie comparée avec d'autres espèces affichant des systèmes sociaux similaires admet de telles possibilités, mais cela reste très difficile à prouver pour les tigres. Les femelles ont tendance à conserver leur territoire, alors que les mâles doivent se disperser sur de plus grandes distances.

Les rares observations fiables proviennent de parcs dans lesquels les individus sont bien connus et identifiés. Sans cela, évidemment, impossible de dégager les relations filiales et la signification de ces comportements. Il faut aussi que ces tigres se sentent suffisamment en sécurité par rapport aux hommes pour se laisser aller sans contraintes à de tels comportements en plein jour. Toutes ces conditions sont malheureusement rarement réunies : une population de tigres suffisamment importante et stable ; des activités diurnes ; des observateurs présents au moment propice et connaissant les individus et leurs relations de parenté. Ce faisceau de conditions exceptionnelles est comparable aux difficultés que rencontrent les chercheurs qui s'efforcent tout simplement d'évaluer les effectifs des populations de tigres sauvages. En Indochine par exemple, où les tigres sont traqués, ceux-ci s'activent la nuit de telle sorte que les observateurs n'en ont pas vu un en cinq ans. Le nombre d'individus ne peut alors être évalué que par des caméras à déclenchement automatique. Comment espérer faire de l'éthologie dans de telles conditions ? Les tigres risquent donc de disparaître avant qu'on ne connaisse leur comportement dans la nature.

Entre tigres de bonne compagnie

En dehors des liens obligés entre les mères et leurs petits, les tigres ont-ils des compétences sociales ? Il est évident qu'on est loin des systèmes sociaux des lions, les plus sociaux des félins. Les femelles sont toutes apparentées et restent sur leur territoire natal toute leur vie. Les liens affectifs qui les unissent assurent la cohésion du groupe pour la défense du domaine vital et pour la chasse. Cela se retrouve aussi, fait assez exceptionnel, dans l'élevage des jeunes : ils peuvent téter leur mère ou une autre femelle. On n'a jamais observé de tels comportements entre les tigres femelles, même apparentées et voisines.

Il n'en va évidemment pas de même pour les lions mâles qui doivent migrer avant de pouvoir chasser un mâle résident et prendre sa place auprès de la troupe de lionnes. Le dimorphisme sexuel est donc considérable, avec tous les attributs qui font, à nos yeux, la noblesse du lion. Un mâle ne réside qu'avec une seule troupe de femelles. Il arrive qu'un individu par-

Pour se donner la chance de pouvoir photographier les tigres, il faut obligatoirement utiliser les éléphants. Ce n'est pas vraiment confortable et, après quelques heures juchés sur ce curieux équipage, on souffre le martyr. Ils sont les seuls à pouvoir s'approcher des tigres, d'autant plus que les félins nés dans certains grands parcs nationaux indiens voient régulièrement ces pachydermes. Les touristes sont souvent obligés de se contorsionner pour avoir un angle de prise de vue acceptable, ce qui est le but de la démarche. Il sont donc souvent bruyants et gesticulent, voire s'agressent verbalement car il y a souvent quelqu'un qui s'estime lésé. Les scientifiques considèrent que l'écotourisme est néfaste pour le tigre, qu'il est souvent dérangé, poursuivi, etc., et que cela a un impact négatif sur ses mœurs, voire le met en danger. Dans une certaine mesure, il est vrai que les hordes de visiteurs dans les parcs nationaux ne respectent pas toujours l'environnement, mais l'écotourisme n'est pas négatif pour le félin. Par exemple, le parc de Bandhavgarh a une superficie globale d'environ 1 100 km^2 pour une population totale de 65 à 70 tigres... La zone ouverte au public, appelée « Tala range », a une superficie d'environ 100 km^2 pour 29 à 31 tigres. Cette zone dite « touristique » sert de vivier aux tigres qui se déversent dans la zone interdite, dix fois plus vaste. En fait, tous les visiteurs quotidiens de la zone touristique, qu'ils soient Rangers, guides, touristes, photographes, etc., sont autant d'observateurs qui patrouillent les pistes (5 % du parc) dans le même but : voir un tigre. Un tel flux de gens est un frein colossal à toute personne mal intentionnée (braconniers, par exemple) qui fuit et évite cet endroit. Dans la zone fermée, c'est une autre histoire, car même l'administration des parcs ne sait absolument pas combien de tigres y vivent, et surtout combien on en perd tous les ans à cause du braconnage.

ticulièrement compétent et puissant s'associe à deux clans de lionnes, au demeurant plutôt hostiles entre elles. On observe plus volontiers l'inverse, deux mâles associés qui peuvent se présenter comme un père et un fils – fait très rare – ou deux frères – ce qui est plus fréquent. De telles associations se rencontrent chez les tigres. On comprend l'importance fondamentale que revêtent les études à long terme permettant de suivre les trajectoires de vie individuelles, à la fois pour décrire les systèmes sociaux, notamment leur organisation qui s'appuie sur les relations privilégiées ou pas entre les individus, et aussi pour en apprécier la variabilité. Car les tigres ne sont pas des machines aux comportements stéréotypés.

Quelles sont les relations entre les femelles résidentes et le mâle résident, dont le territoire recouvre celui de plusieurs femelles ? Elles sont évidemment en compétition pour l'accès aux proies. Chez les lions, les femelles font le plus gros du travail et le grand mâle vient réclamer, sans complaisance pour les lionnes et encore moins pour les jeunes, sa « part ». Apparemment, rien de tel chez les tigres. Cependant, les exemples ne manquent pas d'une tigresse qui a abattu une proie et qui voit arriver le mâle, fort à propos. Il ne semble pas s'arroger de droit de priorité régalien, comme le lion. La tigresse garde l'accès prioritaire à la proie.

Tout dépend donc des relations entre eux. Un mâle résident depuis longtemps et qui a développé de bonnes relations avec les femelles résidentes se montre certainement plus conciliant. Il doit en aller de même avec les jeunes dont il est le géniteur, bien qu'on ne sache pas vraiment s'il laisse les jeunes se repaître sans que cela constitue une menace potentielle pour eux.

La différence de taille corporelle entre les mâles et les femelles ouvre la possibilité d'une partition écologique des proies. Les mâles peuvent s'en prendre aux espèces les plus corpulentes et dispersées, nilgauts, gaurs, sambars, buffles, sur des aires plus étendues, ce qu'autorisent leurs domaines vitaux plus étendus et leur capacité à se déplacer sur de plus longues distances. Quant aux femelles, elles se concentrent sur des proies de petite et de moyenne taille, muntjacs, sangliers, chitals, plus nombreuses et plus régulièrement distribuées dans le biotope. Voilà pour la théorie. Il est toutefois bien évident qu'un mâle n'ira par courir le gaurs s'il peut se mettre un sanglier sous les crocs. Par ailleurs, des femelles peuvent abattre de grosses proies. Il reste qu'une partition écologique partielle peut intervenir, à condition que la diversité des populations de différentes espèces de proies soit importante, comme c'était le cas en Indochine il y a encore quelques décennies. Tel n'est plus le cas dans presque tous les sites où survivent les dernières populations sauvages. Dès lors, cela pose un véritable problème si les mâles et les femelles se retrouvent dans une situation compétitive plus serrée.

On l'aura compris, on dispose de bien peu d'études solides pour soulever le voile d'ignorance qui occulte ce seigneur encore si méconnu des jungles d'Asie. L'une d'elles concerne les tigres du parc national de Chitwan. Grâce à un système de radiorepérage, les chercheurs ont pu suivre les modes de dispersion des tigres. Il en ressort que les jeunes femelles adultes s'établissent en moyenne à une vingtaine de kilomètres de leur territoire de naissance alors que les mâles s'en vont à plusieurs dizaines de kilomètres, voire à plusieurs centaines.

Il est évident que ces distances varient selon la densité de tigres et surtout selon les conditions de l'habitat, en l'occurrence la densité de proies potentielles. Si les populations de cervidés, de bovidés et de suidés sont abondantes au sein d'un habitat relativement fermé, la taille des territoires de chaque tigre est d'autant plus restreinte, comme dans les parcs de Khana ou de Bandagvarh. Il en va autrement dans des habitats plus ouverts, comme pour feu les tigres de la Caspienne, pour ceux qui vivent sur les contreforts de l'Himalaya et *a fortiori* pour les tigres de Sibérie. Chaque individu couvre alors d'immenses territoires et la dispersion des jeunes femelles et surtout des jeunes mâles se fait sur des centaines de kilomètres. Les individus conservent-ils des relations entre eux en dépit de telles distances ? On l'ignore.

Au total, connaîtra-t-on un jour précisément l'éthologie des tigres ? L'urgence est à la conservation. Alors qu'on arrive à peine à connaître les effectifs des populations sauvages encore existantes, on voit combien des études éthologiques solides sont difficiles.

Un tigre est un animal sauvage, d'une puissance phénoménale. Même si son habitat se réduit comme une peau de chagrin, il doit être et rester libre ! Pourtant, des établissements spécialisés comme les zoos sont à même d'en accueillir. Un exemple frappant est celui du tigre de Chine dont la population captive est largement supérieure à celle qui est à l'état sauvage. Les efforts combinés de certaines personnes, comme mon amie Li Quan, permettront-ils à cette sous-espèce de perdurer ? Je le souhaite infiniment. Le travail qu'elle effectue par le biais de son association « Save China's Tiger » est méritoire et sans précédent. Certains félins sont également utilisés pour des réalisations cinématographiques (Jean-Jacques Annaud en est un prodigieux exemple) ou publicitaires, mais il ne faut pas oublier que ce sont de grands professionnels qui les dirigent. Une relation de respect et d'amour s'installe souvent entre les félins et leurs dresseurs. Des années sont nécessaires pour obtenir une telle complicité et il n'est pas permis à tout le monde de pouvoir le faire ! Insurgeons-nous cependant devant le fait que des particuliers puissent avoir des grands félins comme animaux de compagnie. Ce ne sont pas des jouets que l'on traite à la légère ! Ils demandent une attention de tous les instants, des quantités de nourriture astronomiques et de l'espace... sans oublier le danger qu'ils peuvent représenter.

7. Des tigres et des hommes

Le tigre est au bord de l'extinction à cause des hommes ; s'il peut être sauvé, ce ne sera que grâce à la volonté des hommes, de tous les hommes. Il ne s'agit d'ailleurs pas que des tigres eux-mêmes, il s'agit aussi de préserver leurs biotopes et leurs communautés écologiques. Ils ne sont que le sommet de l'iceberg, à la fois le plus visible et le plus méconnu. On ne saurait blâmer les populations souvent déshéritées qui vivent en marge des domaines des dernières populations de tigres sauvages. Les intéresser davantage à la sauvegarde du tigre passe forcément par une bonne information scientifique. Depuis l'invention de l'agriculture, les hommes entretiennent en effet de fort mauvaises relations avec les prédateurs, de telle sorte que se perpétuent mythes, croyances et angoisses. Qu'il s'agisse du loup en Europe ou du tigre en Asie, on retrouve les mêmes peurs ancestrales. La préservation de la dernière faune sauvage suppose donc une bonne connaissance scientifique et d'abord sa diffusion large.

À cet égard, les scientifiques doivent admettre leur responsabilité. Au cours du XXe siècle, si terrible pour les hommes comme pour la faune sauvage et l'environnement en général, les sciences naturelles ont considérablement évolué. Longtemps, les musées ont recherché des spécimens de toutes les espèces afin de les exposer dans de tristes vitrines, chaque muséum national rivalisant avec les autres. Alors on a tué, écorché, empaillé, rangé. On a fait de la systématique, des classifications, on a décrit des espèces et des sous-espèces souvent à partir d'un seul spécimen. Non seulement ces différentes sous-espèces ne respectent pas tous les critères de validation, mais encore, quand il s'agit de reprendre ce type d'étude, les chercheurs se trouvent confrontés à des spécimens plus ou moins bien conservés. Pire encore, la provenance géographique précise n'était pas toujours connue. On en était là jusqu'au cœur des années 1950.

À cette époque émerge la grande synthèse entre la génétique, la zoologie et la paléontologie qui aboutit à la théorie synthétique de l'évolution. Ce qu'on appelle aussi le néodarwinisme engage un programme de recherche qui s'intéresse à l'adaptation des espèces dans leur environnement et accorde une importance considérable à la sélection naturelle comme moteur de l'évolution. Ce « programme adaptationniste » stimule un nombre considérable d'études remarquables qui visent à comprendre comment les organismes s'intègrent dans leur habitat et leur communauté écologique. L'éthologie prend son essor dans ce contexte. Ainsi, pour simplifier quelque peu, toutes les différences anatomiques, physiologiques et comportementales décrites entre les espèces comme entre les populations de différentes espèces se comprennent comme des adaptations à l'environnement. On appelle cela la théorie des équilibres. Elle aura une grande incidence sur les politiques de conservation.

C'est évidemment dans ce contexte que de nombreux pays ont pris conscience qu'il était nécessaire de préserver la faune sauvage. Tout le monde se souvient du roman de Romain Gary, *Les Racines du ciel*, dont l'adaptation cinématographique a marqué cette époque. On se rappelle aussi les grandes sagas africaines avec Stewart Granger, Clark Glable, John Wayne et d'autres encore. Ces films présentent un tableau immuable de la beauté des faunes africaines, comme si rien ne pouvait l'altérer. On sait où nous en sommes aujourd'hui. Les cris d'alarme commencent à se faire entendre à partir des années 1960, notamment grâce à des hommes exceptionnels comme George B. Schaller. Ce dernier éveille la conscience mondiale pour préserver la faune africaine ; son best-seller, *Le Tigre et le cerf*, marque la pierre fondatrice de la campagne de conservation pour les tigres et leur habitat.

À partir de 1973, le projet Tigre est lancé et mené au succès grâce à la volonté politique d'Indira Gandhi. Le contexte politique de l'époque comme les conceptions de la conservation fondées sur la théorie des équilibres conduisent à des décisions fortes, dictées par l'urgence de la situation. Des milliers de villages sont déplacés ainsi que des centaines de milliers de personnes. On imagine le drame humain et les rancœurs que cela a suscités. C'est à ce prix que les tigres ont échappé à l'extinction. Pour autant, une telle politique de conservation ne pouvait perdurer. D'une part, on ne peut écarter les populations humaines ; d'autre part, on sait que les systèmes écologiques et leurs communautés évoluent. Ils ne sont pas en équilibre stable.

Cette politique de conservation décline après une dizaine d'années. C'est d'abord le retrait de la vie politique d'Indira Gandhi après 1977. La volonté politique faiblit, alors que la gestion des parcs est transférée aux États. Les enjeux politiques locaux pesant plus lourd, les revendications des populations se font plus sentir et des potentats régionaux en jouent. Pourtant, le projet Tigre est un succès puisque, en dix ans, les effectifs ont plus que doublé. Mais s'agit-il d'un véritable accroissement de la population, indéniable, ou bien est-il l'effet conjugué d'observations plus fiables menées dans des parcs protégés, les tigres se montrant moins farouches et adoptant des mœurs plus diurnes ? Certains parcs, à commencer par celui Ranthambhore au Rajasthan deviennent la vitrine du projet Tigre.

Le destin des tigres de Ranthambhore

Le Rajasthan est la province qui dispense l'image la plus touristique de l'Inde avec ses palais, ses paysages superbes et ses tigres. Bien que de faible superficie et bien que n'ayant jamais abrité qu'une faible population de tigres, cette destination classique des touristes est l'écrin de la politique de conservation. C'est tellement emblématique que des hommes entreprenants tels que le directeur du parc de Ranthambhore, Valmik Thapar et Fatoh Suigh Rathore deviendront des figures nationales.

De 1973 à 1993, le destin des tigres a semblé s'infléchir grâce à la volonté de ces femmes et de ces hommes. Puis le déclin s'amorce. Les tigres vedettes de Ranthambhore disparaissent. Certains meurent, d'autres sont victimes de la reprise du braconnage. Diverses enquêtes dénoncent des gardiens qui en ont tué pour les livrer au trafic illégal alimentant la médecine chinoise. Les survivants changent de mœurs et adoptent à nouveau une vie plus nocturne. Ce drame marque la fin de l'âge d'or de Ranthambore.

Ce premier épisode de l'histoire récente de la conservation des tigres est révélateur des terribles entraves qui menacent ces projets. Joue tout d'abord en leur défaveur la tension entre ce prédateur et les populations humaines installées dans les parages des parcs, souvent déplacées là contre leur gré. Les habitudes liées à une longue cohabitation se sont alors perdues avec leur expropriation. Que penser, lorsqu'on s'efforce d'assurer sa subsistance, de ces tigres auxquels on accorde des terres dispensatrices de ressources ?

La protection des parcs crée quelques emplois, mais si peu. Et les moyens sont faibles. Les gardiens risquent leur vie et doivent parfois échanger des coups de feu avec les braconniers. Les uns affrontent ces situations très dangereuses avec des pétoires à un coup d'un autre temps, qu'ils payent eux-mêmes ainsi que leurs cartouches, alors que les autres sont munis de fusils automatiques. Malgré tout, l'attachement des gardiens à leur travail, véritable mission, et à la faune qu'ils protègent montre que la préservation du tigre et de ses communautés écologiques doit nécessairement impliquer les populations voisines. Vouloir créer des sanctuaires complètement isolés des activités humaines, en se fondant sur la théorie des équilibres, est une absurdité. La politique de conservation doit s'appuyer sur les hommes.

Si la population des tigres du Bengale double entre 1973 et 1993, celle des hommes augmente de trois cents millions de personnes et le nombre de têtes de bétail croît de

plusieurs dizaines de millions. L'évolution démographique et les besoins en terres et en ressources de ces populations créent une pression énorme sur les réserves et les parcs. Croire qu'ouvrir ces quelques territoires aux populations puisse être une solution serait pourtant bien naïf.

Avec les gardiens du parc de Kaziranga

Deuxième étape de notre voyage sur les traces du tigre du Bengale: le superbe parc de Kaziranga dans l'État d'Assam, dans le nord-est de l'Inde. C'est une plaine inondable dans laquelle viennent se déverser les eaux du Bramapoutre, qui prend sa source dans l'une des régions les plus arrosées du monde. La végétation se compose de hautes herbes qui dépassent trois mètres de hauteur, évoquant de vastes étendues de cannes à sucre. Là vivent plus de mille cinq cents rhinocéros, autant que dans tout le reste du monde. On y rencontre aussi des buffles et des cervidés. Ces hautes herbes élèvent un écran impénétrable et on ne s'y déplace qu'à dos d'éléphant. Toute observation est impossible, si ce n'est depuis des plates-formes élevées.

Les hautes herbes servent aux animaux à se protéger et à se cacher. On les observe lorsqu'ils sortent pour paître dans les prairies dégagées. C'est dans une clairière en bord de chemin que j'ai vu mon premier tigre sauvage, une femelle qui avait décidé de se prélasser sous les rayons du soleil de fin d'après-midi. Elle resta ainsi pendant plus d'une demi-heure, nullement importunée par la présence de touristes de plus en plus nombreux, aussi bruyants qu'envahissants. Puis, elle disparut en quelque pas derrière une rangée de hautes herbes, comme par magie.

Dans cet écrin de nature, on oublie vite l'actualité des hommes. Or de vives tensions politiques secouaient la vie politique de l'Assam, État à dominante musulmane. Des groupuscules de guérilla créaient un climat d'insécurité. Lors d'une discussion avec le directeur, je lui demandai si ces événements n'avaient pas d'incidence sur la sécurité du parc, des gardiens et des faunes. D'un air un peu amusé, il me répondit que les groupuscules hésitaient à se cacher dans le parc car la perspective de rencontrer un tigre, un rhinocéros ou un buffle était suffisamment dissuasive.

Il en va autrement avec les braconniers. Pour obtenir la corne d'un rhinocéros, ils creusent une fosse sur son chemin de passage habituel. Si l'animal tombe dedans, la profondeur de la fosse est telle qu'une partie de la tête, et donc la corne, dépasse. Alors, d'un coup de machette, ils tranchent la corne et laissent l'animal agoniser.

Les rhinocéros et les tigres sont des cibles privilégiées des braconniers et les gardiens s'engagent dans des batailles meurtrières. Munis de pétoires, ils affrontent au risque de leur vie ces meurtriers sanguinaires et sans scrupule. D'après le bilan des pertes humaines que me livre le directeur, en vingt ans deux gardiens ont trouvé la mort, alors que plus de vingt braconniers ont été abattus. Bilan terrifiant. Il faut rendre hommage à ces gardiens. Il est évident que sans eux et sans le soutien des populations locales, qui renseignent sur les déplacements d'individus suspects, le magnifique parc de Kaziranga ne serait pas le dernier refuge de la grande faune indienne.

J'ai l'immense privilège de pouvoir vivre ma passion en réalisant des images de tigres sauvages en des lieux et places encore à l'état originel. Mais pour combien de temps ? Et comme je suis certainement beaucoup plus à l'aise avec un appareil photo ou une caméra dans les mains que devant une feuille blanche, pour décrire cette photo, je ne ferai que citer humblement l'un des précurseurs de la protection des tigres en Inde, le célèbre Jim Corbett. Dans un premier temps, cet officier anglais fut un chasseur émérite de tigres. Il se contentait d'éliminer les félins mangeurs d'homme, dont la tristement célèbre tigresse appelée Champawat qui dévora quelque 436 personnes dans les années 1930. Un jour, il comprit que plutôt que de les exterminer, il fallait essayer de les comprendre afin que leur population ne s'éteigne pas. Il écrivit alors ces lignes : « Le tigre est un gentleman au grand cœur et au courage sans borne, et avant son extermination, car il sera bel et bien exterminé sans le support de l'opinion publique, l'Inde sera appauvrie d'avoir perdu le plus précieux joyau de sa faune. »

Tant qu'il y aura des tigres

Rappelons les chiffres : les populations de tigres sauvages ont été plus que décimées. Leur effectif est passé de plus de cent mille individus sauvages à environ cinq mille en moins d'un siècle ! Toutefois, il s'agit d'estimations qui s'inscrivent dans une fourchette allant de quatre mille cinq cents à sept mille individus sauvages. Les seules évaluations relativement fiables ont été conduites récemment et dans des zones protégées disposant d'un encadrement d'observateurs compétents, gardiens et chercheurs, sans oublier la collaboration si précieuse des populations locales. C'est le cas en Russie, en Inde, au Myanmar, au Népal, en Thaïlande ou encore à Sumatra. Ailleurs, les menaces qui pèsent sur les tigres les incitent à adopter des mœurs cryptiques, ce qui rend toute étude démographique encore plus imprécise.

C'est du reste vrai pour tous les grands félins. Il est par exemple tout aussi difficile d'estimer les effectifs des populations de panthères qui occupent des régions plus étendues que celles des tigres et des lions. Quant à ces derniers, on pourrait croire qu'il est plus aisé d'évaluer leur nombre, puisqu'ils vivent en groupes et dans des milieux plus ouverts. Cependant, les évaluations de leur nombre à l'état sauvage varient de trente mille à cent mille en Afrique. On connaît malheureusement mieux la dernière population d'Asie (*Panthera tigris persica*) : il n'en reste plus que trois cents environ, qui sont réfugiés au cœur de la forêt de Gir, au nord-ouest de l'Inde.

On peut penser que ces estimations sont trop basses, puisqu'elles ignorent les tigres vivant hors des réserves et des parcs naturels. Ainsi, cette anecdote d'un spécialiste de ces grands félins qui se trouvait au bord d'une route très fréquentée au centre de l'Inde. Pour qui a voyagé en Inde, une route fréquentée est un flot de marcheurs, de bicyclettes, de charrettes de toutes sortes et de toutes tailles, tirées par des hommes, des animaux ou des tracteurs, sans oublier les voitures qui se fraient un chemin à coups d'avertisseur et ne craignent que les camions. Il arrive que ce flot s'apaise. Alors, notre observateur voit un superbe tigre mâle surgir des fourrés et traverser la route en quelques bonds entre des bicyclettes. Personne d'autre ne l'a vu !

L'espoir des plus grands : les derniers tigres de Sibérie

L'expansion de l'empire russe en Asie centrale a conduit à l'extinction des tigres de la Caspienne. Avec la volonté productiviste de l'URSS, la situation s'est encore détériorée, entraînant les désastres écologiques que l'on sait. « Les fleuves couleront là où le Soviet suprême le décidera. » Pourtant, les tigres de Sibérie (*Panthera tigris alataïca*) connaissent un destin tout autre. Leurs populations ont traversé des périodes dramatiques, mais lorsque le gouvernement soviétique a pris la décision de les protéger, il a pu imposer sa volonté. Et le gouvernement russe actuel maintient cet effort. La politique de conservation des tigres de Sibérie est d'autant plus exemplaire qu'elle se fonde sur un projet qui se place au-dessus des oppositions stériles. Des scientifiques soviétiques puis russes poursuivent le plus vaste projet de conservation avec leurs collègues américains et, surtout, en collaboration avec les populations locales. C'est aussi un formidable projet scientifique pour l'étude de ce grand félin encore mystérieux.

La volonté des États et des grandes fondations est toutefois confrontée à d'importants changements politiques et économiques. De grandes compagnies forestières achètent des concessions avec obligation de restituer un habitat en voix de régénération. Or il n'en est rien dans les faits. Après le saccage des forêts d'Alaska, les mêmes compagnies – américaines et coréennes pour les plus puissantes – laissent des paysages lunaires en Sibérie. De tels agissements ne bénéficient qu'à ces compagnies et aux personnes corrompues qui délivrent les autorisations et laissent faire. Les populations locales n'en tirent rien, elles voient plutôt leurs richesses détériorées et leurs modes de vie traditionnels anéantis. Elles ne peuvent survivre que de maigres subventions ou doivent partir pour rejoindre les déshérités à la périphérie sordide des grandes villes.

Ces grandes sociétés tiennent des discours mensongers, laissant entendre que de tels saccages en coupes rases seraient propices à la régénération de forêts. Et il y a toujours des scientifiques serviles pour soutenir de tels propos en invoquant on ne sait quel progrès ! Ce sont les mêmes qui sillonnent les espaces encore préservés avec leurs véhicules tout terrain rugissants, le fusil à portée de la main pour tuer ce qui survit encore. Si le spectacle sinistre de ces régions naguère si belles représente le progrès, alors où va l'humanité ? Le sort des tigres est lié à celui des hommes, dont on se doit de respecter les modes de vie.

Quoi qu'il en soit, si le projet *Sauver le tigre de Sibérie* est un succès, il exige des efforts constants. Il ne restait que vingt-quatre tigres en 1940 ; on en dénombrait entre cent cinquante et deux cents en 1994 et entre trois cent soixante et quatre cents en 1997. Leurs populations sont protégées dans les parcs naturels de Sikhote-Alin (3 470 km^2), de Lazovsky (1 165 km^2) et de Kedrovaya Pad (178 km^2). Leur survie semble très menacée, même si la loi de 1992, promulguée par la Fédération de Russie pour la sauvegarde et la gestion de l'environnement, confère un cadre légal renforcé en accordant des moyens conséquents en hommes et en matériels. La lutte contre les braconniers et les trafiquants reste un véritable combat.

Le tigre de Sibérie est le plus grand, le plus impressionnant, ce qui lui confère le statut du grand félin le plus prisé par les spectateurs des cirques et des parcs zoologiques. On dénombre actuellement cinq cents tigres en captivité dans des zoos et ils descendent de quatre-vingt-trois individus sauvages. Le programme de conservation génétique de cette sous-espèce, qui implique des organisations internationales, est le plus ancien et le mieux maîtrisé. Pourvu que cela continue ainsi.

Cette situation du tigre de Sibérie est assez paradoxale. Alors que ce sont eux qu'on voit le plus au cirque, au cinéma ou dans les zoos, personne ne les imagine dans la neige !

Une extinction sans remède : les derniers tigres de Chine

La préservation des tigres de Sibérie nécessite des moyens de police efficaces pour lutter contre les braconniers et les trafiquants. Cela devient d'autant plus difficile que les moyens en équipement et en armes des braconniers sont considérables. Leurs méfaits se nourrissent d'une demande croissante provoquée par l'augmentation du niveau de vie d'une partie des populations chinoises recherchant de plus en plus des produits qui leur étaient auparavant inaccessibles. Les dérivés du tigre sont les plus prisés. On comprend alors que les derniers tigres du nord de la Chine soient condamnés.

Comment quelques milliers pourront-ils survivre face à la demande croissante de millions de Chinois ? Cela exigerait un immense effort d'éducation. On peut difficilement influencer des croyances séculaires comme celles qui fondent la pharmacopée chinoise. En tout cas, cela demande du temps, un temps désormais très court pour les derniers tigres. Heureusement, des efforts considérables sont engagés dans ce sens. Des recherches menées dans des laboratoires chinois visent à trouver des substituts capables de remplacer les composants naturels. Cependant, même si on invente des composants chimiques aux effets identiques, ils n'auront pas la charge mythique et émotionnelle, pour ne pas dire magique, du tigre.

Toutes les cultures ont leurs croyances, leurs mythes, leur vision du monde. Ce n'est pas la pharmacopée chinoise en tant que telle qui est en question, mais ses conséquences pour les espèces qui s'en trouvent directement menacées. Car les temps changent, dramatiquement. À ce rythme, les faunes sauvages, à commencer par les tigres, n'y survivront pas. Alors il faudra bien trouver autre chose. Autant en prendre conscience tant qu'il est encore temps.

Par ailleurs, le gouvernement chinois tente de sauver ce qu'il peut des derniers tigres du sud *Panthera tigris amoyensis*, la seule population endémique de son vaste territoire. Il a signé la charte du CITES contre le commerce illégal des espèces en danger en 1981 et promulgué une loi de la protection des animaux sauvages de la République populaire de Chine en 1988. La situation est en effet presque désespérée pour les quelque vingt à trente individus isolés dans les dernières forêts des montagnes du Guangdong, aux limites du Hunan et du Jiangxi. Une douzaine de tigres semblent isolés dans une dizaine de réserves de cette même région de Chine. Le dernier spécimen capturé remonte à un quart de siècle; quant au dernier individu sauvage, voilà plus de quinze ans qu'on l'a aperçu. La diversité génétique de ces rares survivants, le prix qu'ils représentent pour les trafiquants et la détérioration comme la fragmentation de l'habitat laissent bien peu d'espoir.

Si les vingt à trente individus présumés survivants se maintiennent dans les vingt et une réserves délimitées par le ministère chinois des Forêts, un renforcement génétique sera nécessaire. Là encore, les espoirs semblent bien minces du côté des quelque quarante-huit tigres en captivité et répartis dans dix-neuf zoos chinois. Ils descendent de six individus sauvages alors qu'il en faudrait théoriquement pas moins de cent vingt issus de trente spécimens sauvages. On est loin du compte. Les derniers tigres de l'Amoy entrent dans la légende du passé.

Incertitudes autour des derniers tigres d'Indochine

Si les populations humaines ont des frontières, ce n'est pas le cas des tigres. C'est encore plus problématique quand leur domaine chevauche des pays aux frontières disputées ou dans des zones instables, comme dans certaines parties d'Indochine. La vaste région qui couvre le nord de l'Indochine et le sud de la Chine connaît toutes sortes de trafics. Rappelons que, d'un point de vue économique, le premier est celui de la drogue, le second celui des armes et le troisième celui des animaux sauvages. L'un nourrit les autres, et si on peut toujours produire de la drogue et fabriquer des armes, la faune sauvage en sera la première victime car elle n'est pas renouvelable.

À cause de l'instabilité qui règne dans une grande partie de l'Indochine, le statut des tigres est assez mal connu, même si la situation semble de plus en plus critique, bien qu'elle soit très contrastée selon les pays. Il y a le braconnage, évidemment. Une peau de tigre rapporte autant qu'une année de dur labeur, ce qui permet d'acheter des fusils plus performants, donc de tuer d'autres tigres, et ainsi de suite. Ces fusils servent aussi à abattre du gibier plus facilement et, dépourvus de proies, les grands prédateurs disparaissent. Dans certaines régions d'Indochine, on n'a pas vu de trace de tigre depuis plusieurs années. Des zones forestières apparemment propices à un programme de conservation se révèlent si appauvries en gibier que toute tentative est vouée à l'échec. Les traces de gibier se raréfient, quant à celles du tigre, elles s'évanouissent avec l'espoir.

La situation diffère selon les pays. Il reste peut-être entre trente et quarante tigres d'Indochine (*Panthera tigris corbetti*) dans les confins méridionaux de la Chine. Ils sont plus nombreux en Thaïlande, environ deux cent cinquante et, d'après certaines estimations certainement trop optimistes, entre cinq et six cents spécimens. Ce pays tente de protéger huit domaines forestiers de plus de 2 000 km², dont un de plus de 12 000 km² avec, ce qui est très important, une continuité entre ces refuges. L'avenir de ces populations sauvages encore mal répertoriées, ce qui est un problème en soi, reste incertain et dépendra des moyens mis en œuvre pour préserver ces habitats.

Si ce tigre du sud de la Chine semble prendre ce tronc d'arbre comme partenaire pour une danse effrénée, il y a plusieurs raisons à cela. Vous remarquerez que pratiquement toute l'écorce a été arrachée et le tronc lacéré profondément. C'est en fait une marque délimitant un carrefour important de territoire, une sorte de borne, de boîte aux lettres visitée par ce grand mâle et toutes les femelles des environs. Seuls les tigres savent en déchiffrer le langage, et vu la frénésie avec laquelle il s'est acharné sur ce dernier, le reniflant, le mordant, le griffant, l'importance du message est évidente.
Une femelle en période d'œstrus y a récemment laissé un mot doux auquel il n'a pas été insensible. Il s'est alors mis à vocaliser de toute sa puissance, indiquant à cette femelle qu'il était au courant de sa condition et qu'un rendez-vous serait le bienvenu !

Le Lao PDR ou Laos manifeste un intérêt très récent pour sa faune sauvage et ses tigres. Plusieurs zones apparemment propices à la conservation de ce patrimoine naturel ont été délimitées, mais sans réel suivi, puisque aucun personnel n'a été affecté à cette mission. Les tigres ont déjà abandonné les forêts de plaine pour se réfugier dans celles des montagnes, bien moins giboyeuses. Il y en aurait environ cinq cents. Mais, sur les dix-sept sites recensés, les trop rares missions d'étude ont relevé peu de traces, ce qui n'est pas de bon augure en raison de l'intensité du braconnage.

La situation s'avère pire au Cambodge, qui revendique cent cinquante à trois cents tigres, mais où il n'existe aucun département pour la protection de la nature et aucun zoo. La situation est moins inquiétante au Viêt-nam, autre pays meurtri par les conflits. Les naturalistes signalent des traces de tigres dans vingt-quatre des quatre-vingt-sept réserves et parcs naturels, ce qui laisse espérer une population de deux à trois cents individus dans les sept principales zones protégées. Malheureusement, le braconnage sévit lourdement et on trouve assez facilement des peaux, des dents et des os sur les marchés. Tous ces pays ont été dévastés par de longs conflits et connaissent encore de lourdes souffrances. On comprend que leurs efforts ne puissent pas être à la mesure des menaces qui pèsent sur leur faune sauvage. Et les braconniers et les trafiquants d'en profiter pour perpétrer leurs méfaits à grande échelle, n'hésitant pas à user d'armes de guerre, à répandre des mines antipersonnel ou à piéger des carcasses, ce qui ne manque pas de tuer des enfants, des femmes et des hommes.

Le Myanmar apporte un peu plus d'optimisme. Les étendues forestières couvrent en effet encore 40 % du territoire national. Depuis 1981, le gouvernement protège seize sanctuaires naturels et cinq parcs nationaux. Les tigres d'Indochine se répartissent à l'est de la rivière Irrawady, qui coule du nord au sud du pays. Une législation de plus en plus ferme, renforcée en 1992, s'efforce de préserver les cent dix à deux cent quarante survivants.

C'est en Malaisie que les tigres connaissent une situation moins incertaine. Ils y sont protégés depuis 1976, et leur effectif a plus que doublé depuis ce temps, passant de deux cent cinquante à plus de cinq cents spécimens, voire six cent cinquante d'après certaines estimations. Les zones naturelles préservées s'étendent sur plus de 10 000 km^2. Cette politique de conservation est encore renforcée par certaines actions efficaces puisque le braconnage a chuté d'une vingtaine de tigres tués par an à un seul !

Combien de tigres d'Indochine et quel avenir pour eux ? Les estimations sont comprises entre mille deux cents et mille huit cents individus sauvages, avec toutes les incertitudes comme les bons et les faux espoirs liés à une situation très diverse selon les pays. Pénétrer dans certaines régions reste soumis à de sévères restrictions de la part des autorités. La proximité de la Chine au nord, l'existence de multiples zones peu contrôlées et la multiplicité des frontières ne facilitent pas la mise en œuvre d'une concertation à l'échelle de toute cette vaste péninsule. Car, si les tigres ne connaissent pas les frontières, il en va de même pour les trafiquants.

Un plan de conservation des tigres d'Indochine mobilise toutefois tous ces pays, avec des moyens et des volontés forcément disparates. Diverses organisations internationales apportent des soutiens importants, notamment pour la coordination, la formation de personnels compétents, la logistique et l'évaluation des sites susceptible d'abriter des tigres de façon durable. On dénombre seulement soixante tigres d'Indochine en captivité dans des zoos d'Asie et d'Amérique du Nord, tous issus de quatre spécimens sauvages. Tous ces programmes centrés sur la sous-espèce identifiée le plus récemment sont en plein développement.

Le refuge de l'insularité : les tigres de Sumatra

C'est certainement de Sumatra que viennent les nouvelles les moins alarmantes, mais pour combien de temps encore ? Ce pays pourra-t-il résister aux énormes pressions du trafic international ? Sumatra reste un sanctuaire d'autant plus fascinant que l'île abrite des espèces qui ont divergé récemment de leurs plus proches parentes du continent. Des populations isolées du continent ont dérivé génétiquement depuis environ dix mille ans, ce qui correspond à la remontée du niveau de la mer depuis la fin de la dernière glaciation. Les orangs-outans, les plus grands des singes asiatiques proches de notre lignée africaine, les rhinocéros comme les tigres forment autant d'espèces distinctes, comme le suggèrent les études de génétique comparée. Si le statut d'espèce se confirme pour *Panthera tigris sumatrae*, les marqueurs génétiques peuvent s'avérer précieux dans la répression des trafics. Car ces tigres n'ont pas plus trouvé grâce que les autres aux yeux avides des trafiquants.

Ceux de Sumatra sont les plus petits. On estime qu'il y en avait encore un millier dans les années 1970. Depuis, l'expansion de l'agriculture les a repoussés dans les forêts de montagne. Un recensement de 1992 arrive à un total de quatre cents répartis dans cinq parcs nationaux – dont une centaine dans le seul Gunnung Leuser National Park –, deux réserves de chasse et cent zones protégées. Le nombre d'individus en captivité s'élève à deux cent dix, dont soixante-cinq dans les zoos indonésiens, cinquante-cinq dans ceux d'Amérique du Nord, une centaine dans les zoos européens et une dizaine en Australie. Tous sont issus de trente-sept individus sauvages, ce qui autorise une bonne politique de conservation de la diversité génétique. Le fait que ce tigre puisse représenter une autre espèce renforce son statut emblématique dans l'héritage naturel national de Sumatra.

Le retour du tigre royal : les derniers tigres de l'Inde

Le tigre du Bengale éveille notre imaginaire. *Panthera tigris tigris* est le plus emblématique, et c'est avec lui que s'est forgée la première prise de conscience. On doit rendre hommage à Jim Corbett, ce grand chasseur qui a abattu des centaines de tigres avant de se rendre compte du massacre en cours. Il fut le premier à troquer son fusil contre une caméra, prenant ainsi les toutes premières images de tigres sauvages. Il lui arriva quand même parfois de reprendre son fusil pour éliminer un mangeur d'hommes, comme la terrible « mangeuse d'hommes de Champawat » qui tua plus de quatre cents personnes et fut abattue en 1907. Jim Corbett jouissait d'une profonde estime de la part des populations indiennes, du fait de son respect de la faune et du tigre, ainsi que pour la dimension authentiquement humaine de ses actions. Un des plus beaux parcs naturels porte son nom et, récemment, une équipe indienne a réalisé un très beau film en format THX dédié à son œuvre. Il meurt en 1968 et, en dépit de ses efforts, il s'éteint alors que les dernières populations de tigres du

Bengale sont elles aussi au bord de la disparition. Car d'autres chasseurs avides des derniers trophées continuent le massacre avec plus d'un tigre tué par jour !

Un cri d'alarme retentit au cours de l'assemblée générale de l'Union internationale pour la conservation de la nature (UICN), à Delhi en 1969. Le gouvernement indien lance alors une campagne de prospection afin d'évaluer les effectifs des populations de tigres. Le comptage des empreintes, méthode peu fiable, donne une estimation de 1827 tigres ! Face à l'urgence dramatique, Indira Gandhi lance le projet Tigre en 1973. Il remporte le succès que l'on sait puisque une nouvelle campagne de recensement indique l'existence de 4334 tigres. Hélas, le comptage à partir des empreintes ne reste qu'une estimation et, plus ennuyeux, les responsables des parcs et des réserves ont eu tendance à surévaluer les effectifs afin de valoriser l'efficacité de leurs missions. Une réévaluation entreprise dans la préparation de la grande conférence du millénaire pour les tigres – *The Millenium Tiger Conference* – rajuste les effectifs autour de 3450 tigres sauvages pour l'Inde.

Les tigres du Bengale vivent principalement en Inde, mais aussi au Bangladesh, dans la partie occidentale du Myanmar, au Boutan et au Népal. Toutes ces populations réunies donnent des effectifs compris entre 3159 et 4715 individus sauvages, soit les deux tiers de tous les tigres sauvages encore en vie. Pour autant, la situation peut basculer rapidement sans des efforts soutenus. La parcellisation en cours de leurs refuges comme la disparition des corridors naturels entre eux du fait de l'expansion de l'agriculture, des inondations, des brûlis, de la collecte du bois ou de l'invasion par les troupeaux domestiques entretient une situation aussi critique que tendue. Plus les tigres entrent en contact avec les hommes et leurs activités, plus ils sont victimes du braconnage comme d'empoisonnement.

Les dernières populations sauvages comprennent entre 2500 à 3750 individus répartis dans soixante-six zones protégées. Vingt d'entre elles sont sous la tutelle du projet Tigre dédié à la conservation des grands félins. Le nombre d'individus vivant hors de ces zones reste du domaine du mystère. C'est là un problème majeur, car la détérioration croissante des corridors susceptibles de relier ces aires protégées provoque autant de ruptures de flux génétiques. Sans compter les pressions toujours plus sévères des populations humaines en quête de rares ressources naturelles, les désastres causés par le bétail et le relâchement des autorités dont l'exercice repose de plus en plus sur les autorités régionale et locale.

Moins d'une centaine d'individus sauvages vivent au Népal, la partie la plus septentrionale de l'aire géographique occupée par le tigre du Bengale. Ils se répartissent dans trois grands parcs naturels, dont celui de Chitwan. C'est l'un des plus anciens parcs, et il est exemplaire par sa gestion de la faune en relation avec les populations humaines voisines. Les études scientifiques menées à Chitwan ont contribué à mieux faire connaître l'écologie et l'éthologie des tigres. Pour autant, de fortes pressions pèsent sur leur survie, en raison notamment d'un trafic qui implique une autre espèce sévèrement menacée, l'antilope chiru. Sa laine très fine sert à tisser des châles – mot d'origine hindi – si légers qu'on peut les faire passer par l'anneau d'une bague.

Fermons ce panorama d'une extinction retardée par les trois cent cinquante tigres du Bangladesh. Ce sont les tigres du Bengale, vaste région qui couvre l'embouchure du Brahmapoutre. Ce sont aussi les derniers mangeurs d'hommes. Plusieurs centaines de personnes meurent chaque année sous leurs crocs. C'est là qu'a commencé mon voyage sur les traces des derniers mangeurs d'hommes. C'est là qu'avec Nicolas Hulot nous avons vu les premières empreintes, si larges, profondément marquées dans les limons de la mangrove. Nous étions avec des pêcheurs qui avaient dressé des loutres à rabattre les poissons dans les filets tendus le long des barques. Ils nous avaient raconté plusieurs histoires effroyables qui, d'un coup, devenaient vraisemblables, surtout à en juger d'après le visage de l'un d'eux, défiguré par un tigre. La fausse illusion d'être protégé dans nos petites barques au milieu des chenaux s'est estompée : un tigre pouvait les franchir en un seul bond. La balade au cœur des mangroves prit soudain une autre ambiance.

Lors de nos discussions, Nicolas Hulot s'interrogeait sur le sinistre bilan de plus d'une centaine de personnes tuées par les tigres chaque année, parfois plus de trois cents, soit près d'une par jour. Notre guide nous racontait que l'accroissement des populations humaines conduisait des hommes et des femmes à pénétrer dans les forêts des Sandarbands pour collecter du miel, chercher du bois ou couper de grandes herbes utilisées pour construire les toits des maisons. Ces activités sont régulées, mais comment les contrôler ? Les rencontres avec les tigres deviennent de plus en plus fréquentes et les victimes ne sont pas toujours déclarées si leurs activités sont illégales. Nous avons pu nous rendre compte des pressions exercées par les hommes en repartant des Sandarbands par hélicoptère en direction de la capitale, Dacca. En remontant vers le nord se dessine une ligne franche marquant la frontière entre les parcs naturels et les zones habitées, les arbres de la forêt élevant une digue contre une marée humaine poussée par la nécessité. Un rideau vert entre les derniers tigres protégés des hommes et des hommes victimes des tigres. Combien reste-t-il de tigres ? Combien d'hommes meurent encore sous leurs crocs ? Combien de temps encore ? Le lendemain matin à Dacca, Nicolas nous rejoint pour le petit déjeuner et jette sur la table l'édition du journal local. Là d'où nous venions et pendant que nous y étions six personnes avaient été tuées par des tigres et les coupables avaient été traqués et abattus.

Les zoos de la dernière chance

Soyons très clairs : les tigres en captivité ne seront jamais relâchés dans la nature. Les parcs zoologiques sont impliqués dans différents programmes destinés à préserver la diversité génétique des différentes sous-espèces ou même espèces de tigres en ce qui concerne ceux de Sumatra. Ces actions ne prennent sens évidemment que s'il reste encore assez de populations sauvages viables. Leur connaissance est donc vitale pour mener un bon programme de conservation en captivité.

C'est dans le zoo d'Alipore à Calcutta que se sont reproduits pour la première fois en captivité des tigres du Bengale. Ces grands félins se reproduisent très bien et il y en a presque trop actuellement, plus de trois cent trente, presque tous dans des zoos indiens, à l'exception d'une femelle qui vit dans un zoo d'Amérique du Nord. Toutefois, des mélanges génétiques ont eu lieu avec des tigres d'autres sous-espèces, ce qui soulève des difficultés pour la conservation de leur diversité génétique. Des études en cours visent à bien identifier les spécimens en captivité de *Panthera tigris tigris*, au nombre de deux cents environ, afin de développer un programme efficace de conservation. Si tous ces efforts sont maintenus, alors le tigre royal peut renaître de ses cendres.

Un tigre maintenu en captivité dans de mauvaises conditions, ce qui a hélas été trop longtemps le cas, développe des traumatismes indélébiles, notamment des troubles du comportement. Le relâcher serait dangereux pour lui-même, les autres tigres et les hommes. De telles situations affectent des individus capturés sauvages. Les problèmes sont tout autres pour ceux qui sont nés en captivité. Habitués aux hommes, ils reviendraient vers eux pour piller leur bétail et d'autres animaux domestiques. Peu méfiants à l'égard des hommes, ils en subiraient la colère, sans oublier leur manque de prudence envers d'éventuels braconniers.

Que faire de tous ces tigres enfermés dans des conditions indignes et dont les origines génétiques les rendent peu utiles pour une bonne politique de conservation ? C'est bien le cas des tigres blancs, issus de croisements consanguins. Leur magnificence en fait des vedettes pour parcs zoologiques. À eux seuls, ils attirent une grande partie d'un public qui, par ailleurs, connaît assez mal les tigres.

La reine Cléopâtre avait, d'après les légendes, des léopards et des guépards domestiqués. Ces images de grands personnages puissants associés à des félins suscitent de plus en plus de folies mégalomaniaques. Étrange attitude de certains puissants qui ne rêvent que de tuer de grands fauves ou paradent devant leurs zoos privés ou de tristes animaux enfermés dans des cages au décor ahurissant. Que penser des adeptes du body building d'une ville d'Indiana dont la salle d'entraînement en sous-sol comporte une cage où vivent deux pauvres tigres ? Récemment, les pompiers de New York ont été surpris en investissant l'appartement d'un trafiquant qui était en possession d'un tigre adulte. D'autres n'hésitent pas à acheter de jeunes tigres pour leurs enfants avant de s'en débarrasser rapidement. C'est ainsi que Miss Betty Young dans l'Arkansas en a récupéré près d'une cinquantaine de tous âges et aux expériences les plus diverses, meurtris par tant de déchirures et d'abandons.

Sauver les derniers tigres exige un immense effort d'éducation. Hélas, les images des tigres popularisées par les livres, les dessins animés ou les films sont le plus souvent fausses. Nous avons évoqué le personnage peu sympathique de Shere khan dans *Le Livre de la jungle*. Kipling considérait Edgar Rice Burroughs comme l'un de ses disciples. Dans le premier roman évoquant Tarzan, ce magnifique héros combat héroïquement un tigre. Difficile en Afrique ! Tant mieux pour Tarzan, d'ailleurs, car il n'aurait pas survécu.

La paix pour les hommes et pour les tigres

Le XXe siècle souligne combien l'histoire des hommes pèse sur celle des espèces sauvages et plus particulièrement des tigres. La faune sauvage et ses écosystèmes n'ont jamais subi autant de dommages, presque tous irréversibles.

Nous avons évoqué les causes de cette effroyable hécatombe. Plus que les drames entre les hommes, l'expansion des populations humaines et l'accroissement démographique considérable aboutissent à la disparition des habitats naturels des tigres et à leur

fragmentation. D'un point de vue strictement darwinien aussi réductionniste que caricatural, quel succès pour notre espèce ! Mais la réalité est tout autre. Plus il y a d'hommes sur Terre, plus il y a d'inégalités. Les foules de déshérités croissent bien plus vite que celles des nantis, dans des proportions aussi effrayantes que leurs niveaux de vie respectifs. Chaque année, il y a toujours plus de millions de personnes qui ont de moins en moins accès à de l'eau potable, alors que, dans le monde développé, le nombre de piscines individuelles par milliers d'habitants ne cesse de croître. Les populations les plus démunies se sont toujours efforcées d'assurer leur survie en exploitant les ressources naturelles. De nos jours, la masse des déshérités est telle que les trop rares espaces naturels n'y suffisent plus. La pauvreté devient de plus en plus désespérante puisque, aux causes humaines génératrices d'inégalités et de misères, s'ajoute, toujours en raison des mêmes causes, la disparition bientôt définitive des moyens naturels de survie. La pauvreté crée une pression encore accrue sur les dernières enclaves naturelles où on collecte des ressources toujours plus pauvres, ramasse du bois et abat un gibier toujours plus rare. Dès lors, les tigres sortent de la forêt pour s'en prendre au bétail, et parfois aux hommes. Ils sont alors traqués sans merci ou empoisonnés.

Le sort des tigres est lié à celui des hommes, en particulier des plus faibles de nos congénères. D'emblée, récusons les objections de ceux qui s'offusquent de tant de considérations pour des fauves capables de tuer alors que tant de femmes, d'enfants et d'hommes mériteraient plus d'attentions. Sans vouloir faire un procès d'intention, ceux qui tiennent ces propos ne se soucient pas des autres en général, homme ou animal. Les donneurs de leçons et les moralistes s'avèrent plus efficaces dans l'anathème que dans la juste appréciation des conséquences dues aux seules turpitudes des hommes envers les autres hommes et la nature. Il est tellement facile de fustiger le fauve. La survie des tigres et de leurs écosystèmes se fera avec les hommes et non pas contre les hommes !

Les politiques de conservation ont connu bien des aléas et parfois des drames dont les responsabilités sont très diverses. Avec le recul, on peut critiquer l'action volontariste d'Indira Gandhi, qui a conduit à déplacer des centaines de milliers de personnes afin de créer de grandes réserves naturelles. On comprend sans peine l'animosité de ces femmes et de ses hommes qui sont renvoyés à des conditions de vie encore plus précaires, sans beaucoup de soutien et en ayant le sentiment que l'on fait plus pour les tigres que pour eux. Il est évident que l'on n'agirait pas ainsi de nos jours. Toutefois, il y a trente ans, on songeait fort peu aux droits des animaux, au développement durable et à la conservation de la biodiversité. Personne ne conteste le courage politique d'Indira Gandhi et son action pour les tigres n'a certainement pas été la plus difficile de sa carrière qui, comme on le sait, ne s'est pas achevée sous les crocs d'un fauve. Elle est cependant entrée dans l'histoire, ce qui ne sera pas le cas des petits politiciens à la recherche de mandats éphémères qui jouent de la peur comme des rancœurs à l'encontre des fauves, comme si en abandonnant les dernières réserves aux déshérités, on pouvait résoudre ces drames humains. Que peuvent procurer ces réserves et leurs ressources, qui représentent à peine 2 % du territoire de l'Inde, pour des millions de gens ? L'héritage d'Indira est là et nous autres Occidentaux avons des leçons à en tirer, notamment en France. Nos politiciens locaux qui se font élire sur la peur du loup ou de l'ours n'ont jamais eu et n'auront jamais de destin national.

Venons-en aux « grands chasseurs », ces fous de trophées qui tirent depuis la nacelle protégée d'un éléphant un animal traqué et rabattu par des « indigènes » à pied. Quelle gloire d'en tuer le plus grand nombre possible pour montrer sa vaillance ! L'enfant indigène qui part quérir du bois pour sa famille sait que le tigre est présent, il le craint et le respecte. « Le fardeau de l'homme blanc » de Kipling n'est pas celui que l'on croit. Le temps de la chasse aux grands fauves ou tout simplement au fauve est révolu. Pendant des centaines de millénaires, les hommes ont eu peur des fauves, et aujourd'hui ce sont ces derniers qui se terrent. Ce n'est pas la chasse en soi qui est en cause, mais certaines pratiques. Jim Corbett en a pris conscience. Il fut un grand chasseur et le resta. Il comprit cette chose si simple qu'il n'y a pas de chasseur sans proie et que l'émotion du chasseur n'est pas dans l'acte de tuer, mais dans l'observation et la connaissance de sa proie. Le temps de la chasse est révolu. Souhaitons qu'il revienne car cela signifiera qu'il y aura trop de grands fauves.

Préserver le tigre des hommes, préserver les hommes des tigres : tel est le défi. Cela ne pourra pas se faire sans les hommes et, plus précisément, sans que les populations locales soient impliquées. Un vif débat agite les divers organismes internationaux, nationaux et régionaux pour la protection de la nature et des faunes. L'urgence de certaines situations, les pressions exercées par des populations déshéritées et des choix économiques en termes de production et de développement soulèvent autant de problèmes, que compliquent encore les choix de politiques de conservation. Prenons deux exemples. L'État du Kerala au sud de l'Inde voit ses dernières zones protégées menacées par l'expansion des champs de théiers et de caféiers. L'espace se restreint et la pression augmente d'autant que les villageois continuent à couper du bois et à faire paître leurs troupeaux. Selon le directeur du parc, Vladik Thapar, la seule solution serait d'interdire et de défendre avec fermeté les accès au parc, mais cela provoque la colère des hommes qui menacent la vie du directeur comme des gardiens. Ailleurs, comme à Kanha ou Ranthambhore, les responsables ont été sévèrement bastonnés. Vladik Thapar fut lui aussi agressé. Cela ne l'empêcha pas de poursuivre son action et de la porter sur le terrain politique.

L'autre exemple est celui du parc de Chitwan. La politique de protection implique des populations voisines. Un programme d'aide au développement a ainsi permis de reboiser les terres situées en bordure du parc naturel. Le gibier n'a pas tardé à revenir et plusieurs tigres y ont établi résidence. Les grands fauves étant protégés, ils adoptent des mœurs moins cryptiques, ce que recherchent les éco-touristes. La moitié des devises apportées par le tourisme reviennent à ces populations, ce qui incite d'autres villages à participer à ce programme.

Une politique de conservation pérenne ne peut se faire contre les hommes. À Kaziranga, j'ai pu apprécier l'implication et le dévouement des gardiens. Le parc procure plus de quatre cents emplois et le tourisme soutient une activité économique non négligeable. C'est le mieux protégé de toute l'Inde. « Si les dieux ne protègent plus les tigres, alors qui d'autre le fera ? », dit-on dans cette région. Les moyens en véhicules et en armes comme les rémunérations restent cependant insuffisants, mais la volonté est là de préserver

les tigres, les rhinocéros, les éléphants, les buffles, etc. Cette volonté s'appuie sur un consensus partagé avec les populations alentour, les braconniers se heurtant ainsi à plus de difficultés pour accomplir leur vile besogne.

Encore un effort pour être hommes

Anthropologue, je n'ai jamais confondu les hommes avec les autres espèces. Mes positions quant aux droits de l'homme et des espèces les plus proches de nous, comme pour nos frères d'évolution les chimpanzés, sont bien connues. Je connais notre évolution et je n'ignore pas combien cette grande histoire reste encore mal comprise. Nous savons aujourd'hui combien tout ce que nous sommes – par nos gènes, notre anatomie, notre physiologie et même nos comportements – dépend de caractères que nous partageons avec les autres espèces qui vivent encore autour de nous sur la Terre. L'homme n'est pas l'espèce la plus évoluée, qui aurait dépassé toutes les autres à la faveur d'une sorte de dessein illusoire de la nature et de la vie. Toute notre évolution s'inscrit dans celles des communautés écologiques d'hier et d'aujourd'hui. La communauté des hommes d'il y a deux millions d'années n'est pas celle d'aujourd'hui. Les hommes, les félins, les éléphants, les singes, les antilopes, les cervidés n'ont cessé d'évoluer, sans que ces évolutions soient indépendantes les unes des autres. Toutes les lignées sont confrontées aux changements d'environnement et, au sein des mêmes communautés, la compétition comme les activités des différentes espèces contribuent à ce grand mouvement qu'on appelle l'évolution. Ce n'est donc pas l'ascension triomphante d'une espèce sur les autres, mais un destin incertain qui unit toutes les espèces. C'est pourquoi le tigre ne survivra pas sans les autres espèces dont il dépend. Et celles-ci dépendent aussi de lui. Un écosystème dépourvu de prédateur meurt lui aussi.

Nous touchons là un curieux paradoxe entre les principes de l'évolution des espèces et les fondements des sociétés humaines. Du point de vue d'un darwinisme aussi réductionniste que caricatural, la lutte entre les espèces postule que les individus d'une espèce et, par voie de conséquence, leurs populations tendent à se multiplier au mieux de leurs moyens. À cet égard, quel succès pour l'espèce humaine : plus de six milliards d'hommes. Cette conception de la lutte pour la survie avec la terrible sélection naturelle à la manœuvre a nourri un rapport hostile, fondamentalement antagoniste entre l'homme et la nature, notamment dans la pensée judéo-chrétienne et occidentale. Un de ses avatars est justement la peur du fauve. L'affligeant Shere Kahn du *Livre de la jungle* reprend ce cliché du monde obscur et terrifiant de la jungle des origines.

Aujourd'hui, les hommes, par leur nombre, leurs activités et leurs techniques, infléchissent l'histoire de la vie. Jamais la biodiversité, encore si mal estimée, n'a été autant menacée. Plusieurs attitudes sont possibles. L'une postule que tout ce qui nous entoure a été placé là pour notre bon usage. Une autre admet que l'historie de la Terre a connu des périodes de grands changements, notamment de catastrophes majeures, mais que la vie a toujours continué. Dans ces perspectives, la question de la survie des tigres et des autres espèces ne se pose même pas.

Pourtant, les hommes ont une histoire évolutive qui les lie aux autres espèces et cela continuera, d'une manière ou d'une autre. Il est évident que la vie évoluera encore et que l'homme n'est pas son aboutissement. Les hommes ne sont qu'un passage de la vie, comme les autres espèces. Mais peut-être pour la première fois dans l'histoire de la vie une espèce pèse-t-elle sur le cours de l'évolution et d'une manière de plus en plus consciente, bien que cette prise de conscience soit récente et ne soit pas encore partagée par tous. Nous voici donc libres et responsables, mais pas encore *Homo sapiens.*

L'évolution de l'homme peut continuer avec ou sans les tigres. À nous d'en décider. J'ai eu la chance de faire un très beau voyage. Ma première rencontre avec un tigre sauvage fut comme un rêve qui m'a éveillé. Je désire que toutes les femmes et tous les hommes puissent le vivre, et surtout nos enfants.

Pour aller plus loin

Sites web

www.5tigers.org
Site très complet, en anglais, qui rassemble toutes les informations à propos du tigre, de son statut, des programmes de conservation en cours avec des liens vers les autres principaux sites associés à des organisations non gouvernementales ou institutionnelles réunies dans The Save The Tiger Found.

www.tigerfdn.com
Site de l'organisation canadienne The Tiger Foundation.

www.wwf.fr
Site du World Wild Life France avec des informations générales et d'autres plus précises sur le statut de différentes espèces, dont le tigre.

www.panda.org
Site international du World Wild Life Found avec une entrée pour les espèces en danger (*Endangered Species*), dont le tigre.

Livres

Arseniev Vladimir, *Aux confins de l'Amour*, Actes Sud, 1994.

Jackson Peter, Jackson Adrienne F., Dallet Robert, de Crem Johan, *Les Félins*, Delachaux et Niestlé, 1996.

Leakey Richard, *La Sixième Extinction*, Flammarion, 1997.

Matthiessen Peter, *Tigres dans la neige*, Actes Sud, 2000.

Mc. Neely J. A. et Wachtel P. S., *The Soul of the Tiger*, Doubleday, 1988.

Mills Stephen, *Tigers*, BBC, 2004.

Nichols Michael et Ward Geoffrey C., *Le Tigre*, National Geographic, 2000.

Schaller George, *The Deer and the Tiger*, University Chicago Press, 1967.

Seidensticker John, Sarah Christie et Jackson Peter, *Riding the Tiger*, Collectif, Cambridge University Press, 1999.

Thapar Valmik, *Land of the Tiger*, University of California Press, 1998.

Thapar Valmik, *The Tiger Destiny*, BBC/Kyle Cathie Ltd., 1992.

www.francois-savigny.com